Carlos Renato Borges dos Santos

Fundamentos de projetos eletrônicos envolvendo o

ARDUINO

EDITORA
CIÊNCIA MODERNA

Fundamentos de Projetos Eletrônicos Envolvendo o Arduino – Teoria Digital

Editor: Paulo André P. Marques
Produção Editorial: Dilene Sandes Pessanha
Capa: Daniel Jara
Copidesque: Equipe Ciência Moderna

FICHA CATALOGRÁFICA

SANTOS, Carlos Renato Borges dos.

Fundamentos de Projetos Eletrônicos Envolvendo o Arduino – Teoria Digital

Rio de Janeiro: Editora Ciência Moderna Ltda., 2021.

1. Engenharia Elétrica
I — Título

ISBN: 978-65-5842-030-9 CDD 621.3

Editora Ciência Moderna Ltda.
R. Alice Figueiredo, 46 – Riachuelo
Rio de Janeiro, RJ – Brasil CEP: 20.950-150
Tel: (21) 2201-6662/ Fax: (21) 2201-6896
E-mail: lcm@lcm.com.br
www.lcm.com.br **03/21**

DEDICATÓRIA

À minha querida esposa Eleyde, companheira do maior projeto de nossas vidas, nossa família.

Às minhas amadas filhas, Alissa e Alanna, presentes de Deus que me ensinam o significado do amor verdadeiro.

Aos meus pais, Carlos Roberto e Milza Rossana, que me ensinaram a ser um filho, pai e profissional dedicado.

À minha avó, Marina, e aos meus avós, *in memoriam*, José, Athenodoro e Milza.

SOBRE O AUTOR

Carlos Renato Borges dos Santos, engenheiro eletricista pela Universidade Federal de Goiás (2003), mestre em engenharia elétrica e de computação pela mesma instituição (2005) e doutor em engenharia agrícola pela Universidade Federal de Lavras (2017). Foi bolsista da CAPES no doutorado-sanduíche pela Université de Versailles Saint-Quentin-en-Yvelines (UVSQ), de 2015 a 2016. Atua na área de microcontroladores há 20 anos, desenvolvendo projetos didáticos com microcontroladores da família 8051 e PIC. Trabalha com Arduino desde 2012. Foi professor das Faculdades Objetivo de 2006 a 2009, da Pontífica Universidade Católica de Goiás (PUC-GO), em 2007 e instrutor do SENAI-GO de 2008 a 2009. De 2009 a 2020 foi professor do Instituto Federal Minas Gerais (Campus Formiga). Atualmente é professor do Instituto Federal do Triângulo Mineiro (IFTM Campus Paracatu), atuando nas áreas: Eletrônica Analógica, Eletrônica Digital, Eletrônica de Potência e Microcontroladores.

PREFÁCIO

O Arduino é uma família de dispositivos para prototipação de circuitos eletrônicos que ganhou o coração e a mente de *hobistas* de todo o mundo. Algumas das grandes vantagens do Arduino são: a) o seu baixo custo; b) placa eletrônica de fácil acesso aos pinos; c) didático e; d) o IDE, que tornou o acesso ao seu hardware algo extremamente simples, de forma que, com apenas alguns poucos cliques, é possível gravar em sua memória de programa (memória *flash*) exemplos prontos, como o famoso *sketch* **blink**.

As placas estudadas neste livro são, prioritariamente, o Arduino Uno e o Arduino Mega 2560. Todavia, o Arduino Due também é abordado, sendo apresentadas suas diferenças.

Neste livro vamos ensinar os conhecimentos necessários para desenvolver projetos com o Arduino, que incluem a eletrônica digital e programação em linguagem C/C++. A partir dessa bagagem, você poderá entender todos os passos necessários para elaborar o seu projeto com um domínio aprofundado dos conceitos desenvolvidos nesta obra.

Na primeira parte deste livro há uma abordagem sobre os conceitos relacionados ao Arduino, como manuseá-lo e armazená-lo, além de introduzir o ambiente de desenvolvimento integrado (IDE). Os pinos de entrada e de saída digitais são abordados para que o leitor já possa desenvolver leituras e acionamentos digitais já no início do livro. Por outro lado, o tema mais importante da primeira parte é sobre como trabalhar com a porta serial, já que ela é a melhor fonte de informações sobre o funcionamento do algoritmo em desenvolvimento. Além disso, são mostradas as formas de trabalhar com dados recebidos pelo Arduino, permitindo o acionamento de dispositivos discretos por meio de dados seriais.

Na segunda parte são trabalhados os conceitos fundamentais da eletrônica digital, tais como o sistema binário, decimal e hexadecimal. Ademais, são mostrados conceitos de bit, nibble, byte e word, além dos códigos BCD, Gray e ASCII. São apresentadas as portas lógicas NOT, AND, NAND, OR, NOR e o Mapa de Karnaugh, fundamental para a redução de expressões lógicas. Um tema fundamental visto nessa segunda parte é sobre filtros digitais, mostrando como trabalhar com dados oriundos de sensores que enviam dados digitais.

Na terceira parte são mostrados conceitos básicos de programação, como os principais tipos de variáveis, de 1, 8, 16, 32 ou 64 bits, cujas declarações podem ocasionar às variáveis diferentes tamanhos, caso sejam declaradas em plataformas de 8 (Uno e Mega 2560) ou de 32 bits (Due). Também são abordados os operadores algébricos e as estruturas condicionais.

Na quarta parte continua o desenvolvimento dos conceitos de programação, avançando nos temas de funções e procedimentos. Também são abordados temas avançados, como ponteiros, estruturas, interrupções, temporização e diretivas do compilador.

Por fim, na quinta parte, são mostradas formas de criação de bibliotecas em C e em C++, permitindo com que o projetista desenvolva suas próprias bibliotecas. No último capítulo, quando o leitor estiver ciente dos conceitos abordados ao longo deste livro, são apresentadas as demais ferramentas do Arduino, tais como as memórias FLASH, RAM e EEPROM.

Esta obra é voltada para *hobistas*, alunos de cursos técnicos ou de graduação em computação, eletrônica, automação, eletrotécnica e áreas afins, que queiram desenvolver projetos com Arduino ou outros microcontroladores que possam utilizar o IDE (ambiente de desenvolvimento integrado) para sua programação, tais como o ESP8266 e o ESP32.

Sumário

III Programação I

Introdução ao Conteúdo

1 Uma visão geral

SEJA bem-vindo ao mundo da Eletrônica! Impressione-se com a incrível facilidade em desenvolver projetos utilizando o Arduino. É incrível a quantidade de pessoas com pouco conhecimento nas áreas de eletrônica, microcontroladores, e em programação, que conseguem desenvolver projetos interessantes utilizando o Arduino.

Atualmente existem diversos materiais bibliográficos que receitam projetos com Arduino como se fossem receitas de bolo (*cookbooks*). Como diferencial deste material de estudo, em vez de simplesmente receitar projetos, vamos abordar desde temas básicos até mesmo os avançados de estudo que ajudem o leitor a compreender melhor o funcionamento de cada projeto, no tocante aos algoritmos, componentes eletrônicos e ao funcionamento do Arduino, para que dessa forma você possa ir além dos exemplos mostrados neste material e nos exemplos das demais referências bibliográficas que você pesquisar.

Antes do surgimento do Arduino, o desenvolvimento de projetos eletrônicos microcontrolados limitava-se a engenheiros e técnicos dotados de conhecimentos avançados na arquitetura de microcontroladores. Projetar um circuito que controlasse poucos pinos de entrada e de saída necessitava de conhecimentos em: hardware, assembler, desenvolvimento de placas, configuração de registradores internos do microcontrolador, além de experiência com solda de componentes e de uma série de ferramentas de desenvolvimento e de medição. Adicionado a tudo isso havia, ainda, problemas de mau-contato, causados principalmente por soldas mal feitas (solda fria).

Com o surgimento do Arduino, esses problemas foram consideravelmente atenuados. Hoje, podemos assistir a vídeos na internet incontáveis projetos desenvolvidos por pessoas com pouco conhecimento técnico em eletrônica, programação e microcontroladores.

A ideia em desenvolver uma plataforma eletrônica microcontrolada, com portas de entrada e de saída prontas para uso, reduziu significativamente a complexidade em se construir um hardware mínimo, reduzindo, acima de tudo, o tempo de elaboração de um projeto.

Este livro surgiu como uma proposta de apresentar o Arduino não apenas como uma ferramenta para hobistas, mas também para aumentar o conhecimento sobre microcontroladores, servindo como uma ponte entre plataformas de alto nível (como Arduino) e o mundo do microcontrolador (o circuito integrado, especificamente).

1.1. O que é Arduino

ARDUINO é uma plataforma de prototipagem eletrônica programável numa linguagem de programação padrão, a qual é essencialmente C/C++. O projeto Arduino iniciou-se em 2005, na Itália, com objetivos de agilizar o desenvolvimento de protótipos escolares. Existe uma diferença conceitual entre microcontrolador e Arduino. Vamos, portanto, diferenciá-los:

1. Microcontrolador é um CI (**C**ircuito **I**ntegrado) dotado de processador, circuitos digitais, tais como unidade lógico-aritmética, conversor AD (**A**nalógico-**d**igital), memória RAM, FLASH, EEPROM e outros.

2. Arduino é uma plataforma de prototipação que contém um microcontrolador, além de outros circuitos e chips inseridos em uma placa eletrônica.

Vamos, neste livro, estudar as características do Arduino, na forma que o definimos, ou seja, da plataforma dotada de um microcontrolador e dos seus circuitos inseridos em uma placa eletrônica.

1.2. Manuseio e armazenagem

A placa do Arduino contém componentes sensíveis à eletricidade estática. Para evitar descargas estáticas, devemos evitar colocar as mãos nos componentes da placa. O contato das mãos com os componentes também pode reduzir o tempo de vida do Arduino, uma vez que as impressões digitais que deixamos nos componentes podem acelerar o processo de oxidação dos mesmos.

A melhor forma de segurarmos as placas é pelas bordas da placa, como mostrado na Figura 1.1.

Quanto ao armazenamento, o Arduino deve ser guardado em local que não acumule poeira e que mantenha baixa a umidade, preferencialmente em sua caixa original. A exposição ao sol também deve ser evitada. Devemos, também, evitar o contato do Arduino com partes metálicas, como pedaços de fios, chaves de fenda, e outros. Para isso, é necessário manter a limpeza da bancada de trabalho. Não use mesa de metal. Certifique-se que o Arduino não esteja em uma superfície condutora, pois um curto-circuito pode ocorrer nos pontos de solda da placa.

Figura 1.1: Manuseio correto da placa.

1.3. Ambiente de desenvolvimento integrado

O Ambiente de desenvolvimento integrado (IDE) é o principal mecanismo de acesso ao Arduino, por isso deve ser bastante compreendido. Ele pode ser instalado em três sistemas operacionais: Windows, Linux e MacOS. O leitor pode baixar o IDE de acordo com o seu sistema operacional no site: `www.arduino.cc/en/Main/Software`. O IDE, versão 1.8.8, pode ser visto na Figura 1.2.

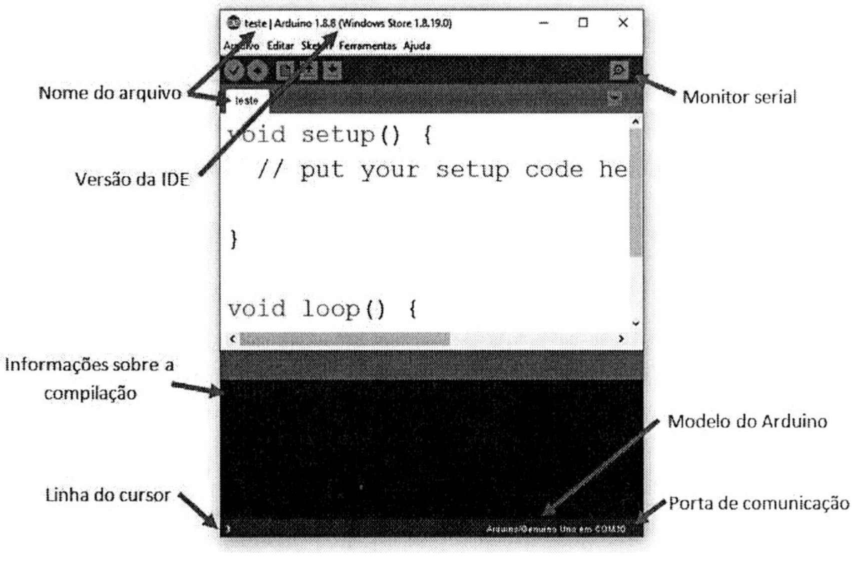

Figura 1.2: Ambiente de desenvolvimento integrado - IDE.

Na Figura 1.3, podemos ver, ainda, o item **Porta** que deve ser configurado. Se este encontrar-se desabilitado, significa que o Arduino não está conectado à porta USB ou pode significar que, ao instalar o IDE, o computador não tenha encontrado o *driver* de reconhecimento do hardware. Neste último caso, deve-se atualizar a biblioteca de dispositivos do IDE, que aparecerá na parte de baixo da tela.

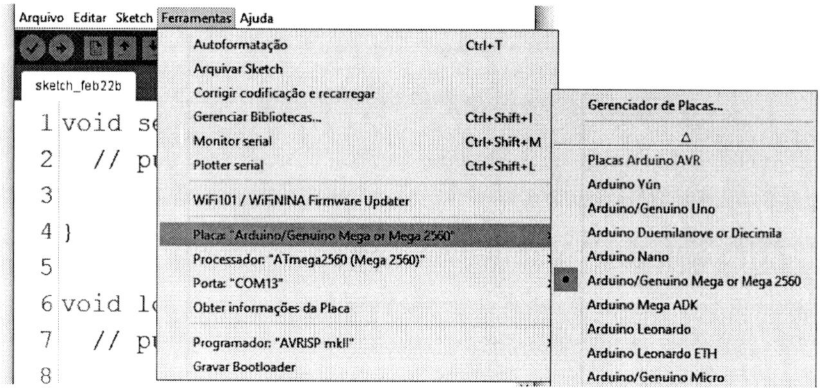

Figura 1.3: Selecionando modelo de Arduino.

Agora, temos que verificar qual é a porta serial criada pelo Arduino para a selecionarmos através do menu **Ferramentas/Monitor serial**, como visto na Figura 1.4.

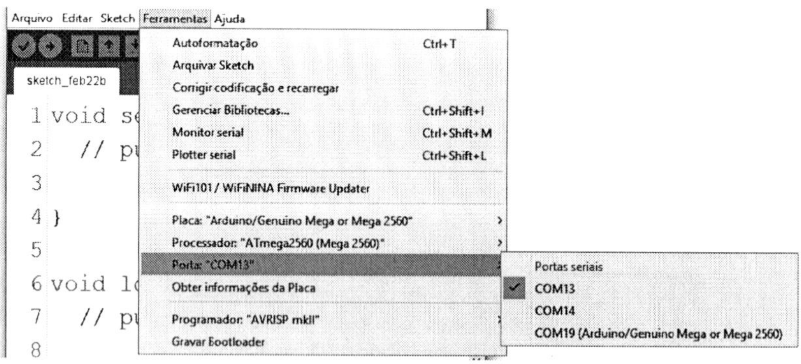

Figura 1.4: Procurando a porta serial do Arduino.

Note, na Figura 1.4, que a porta serial em **Ferramentas/Monitor serial** é diferente da mensagem na parte de baixo, à direita, do IDE. O Monitor serial configurado no IDE é a porta 13, mas o Windows criou para o Arduino a porta

19. Esse procedimento de selecionar a porta serial é feita na primeira vez em que se utiliza o Arduino ou quando forem usados mais de um Arduino.

Ao configurar a porta, a mensagem na parte de baixo do IDE, à direita, é vista na Figura 1.5, com a porta 19 (o número da porta deverá ser, necessariamente o mesmo número da porta em seu computador).

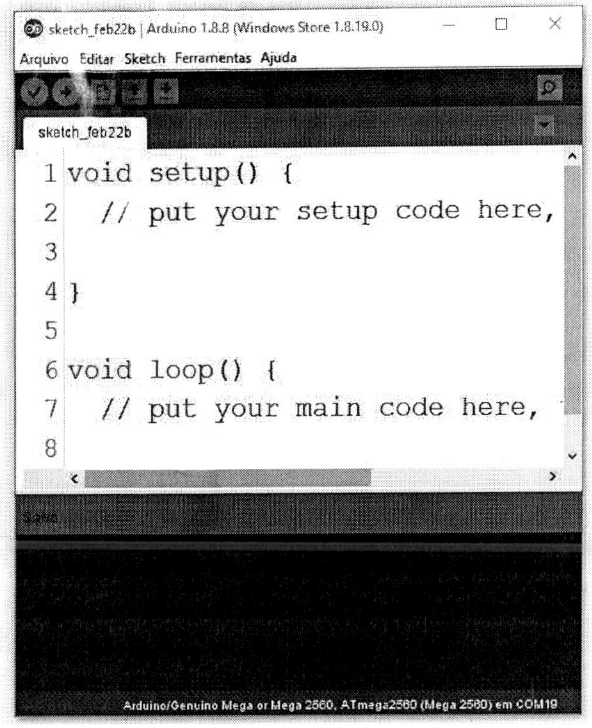

Figura 1.5: Porta serial configurada.

O IDE é uma aplicação multiplataforma. Inclui um editor de código, compilador, também carrega programas para a placa e acessa a porta serial, com um único clique. Com isso não há a necessidade de editar *Makefiles* ou rodar programas em ambientes de linhas de comando.

1.4. A organização do código do Arduino

SKETCH é o nome dado ao programa do Arduino. Um *sketch* é mostrado no código a seguir. No **void setup** inicia-se alguns parâmetros do hardware, configurando-se os pinos de saída e de entrada, a taxa de transmissão serial, além de outros que serão vistos no decorrer desta obra.

Sketch Arduino

```
void setup(){
  // Inicializa o hardware
}

void loop(){
  // loop infinito
}
```

O **void loop** é um procedimento que se repete infinitas vezes, até que se aperte o botão de *Reset* ou que desligue o Arduino.

1.5. Tipos de Arduino

DEVIDO à grande diversidade de plataformas Arduino, sugerimos ao leitor que estiver interessado em conhecê-las, bem como suas *Shields*, a acessar o seguinte link:

`http://arduino.cc/en/Main/Products`.

Embora este material seja inteiramente voltado aos Arduinos Uno, Mega 2560 e Due, também podemos utilizá-lo em outros tipos de Arduinos ou até mesmo em outros microcontroladores, por abordar conceitos abrangentes.

A Figura 1.6 mostra as placas mais conhecidas e estudadas neste livro, apresentando-as a seguir.

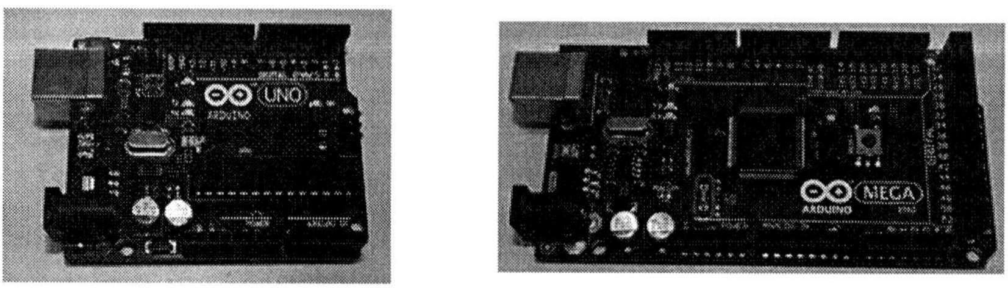

(a) O Arduino Uno.

(b) O Arduino Mega 2560.

Figura 1.6: As placas mais comuns Arduino.

1.5.1 Arduino Uno

O Arduino Uno é uma plataforma que utiliza o ATmega328, de 8 bits e de 16 MHz. Possui 14 pinos de entrada/saída, das quais 6 podem ser configuradas como saídas PWM (modulação por largura de pulso). Possui, ainda, 6 entradas analógicas. Sua tensão de operação é de 5 Volts. Pode ser alimentado externamente com tensões entre 6 e 20 V, mas é recomendado alimentá-lo externamente com tensões entre 7 e 12 V. Tensões acima de 12 V podem superaquecer o Arduino, travando-o.

1.5.2 Arduino Mega 2560

O Arduino Mega 2560 é uma plataforma que utiliza o microcontrolador ATmega2560, de 8 bits e de 16 MHz. Possui 54 pinos de entrada/saída, das quais 12 podem ser configuradas como saídas PWM. Possui, ainda, 4 canais seriais, 1 barramento I2C e 16 entradas analógicas. Sua tensão de operação é de 5 V. Assim como o Uno, pode ser alimentado externamente com tensões entre 6 e 20 V, embora seja recomendado alimentá-lo externamente com tensões entre 7 e 12 V.

1.5.3 Arduino Due

O Arduino Due é uma plataforma que utiliza o microcontrolador Atmel SAM3X8E ARM Cortex-M3 CPU, de 32 bits. A frequência de trabalho do Due é 86 MHz, o que, adicionado ao processador de 32 bits, oferece um poder de processamento muito maior do que o Uno e o Mega 2560. Um ponto importante é sobre a tensão de operação dos pinos, que é de 3,3 V. Não se pode conectar o Due a tensões do padrão TTL (5 V), o que pode danificá-lo.

Na Figura 1.7 notam-se duas entradas USBs, a entrada nativa e a de programação, que são utilizadas para o carregamento do programa no Arduino.

Figura 1.7: O Arduino Due.

Devido à tensão aplicada aos pinos do Due, recomendamos que este Arduino não seja utilizado por iniciantes em eletrônica e em microcontroladores, pois as chances de conectar um dos seus pinos aos padrões TTL são significativas. Além disso, o poder de processamento do Due dificilmente será exigido em projetos deste e de outros livros, deixando-o dedicado a projetos de grande complexidade. Logo, o Uno e o Mega são suficientes para incontáveis projetos. A Figura 1.7 apresenta o Arduino Due.

1.6. Vantagens do Arduino

As vantagens do Arduino diante de outros kits que utilizam outros microcontroladores, como o PIC ou o 8051, estão:

- Quanto à alimentação: pode ser alimentado pela USB;
- O IDE pode ser instalado em ambiente Windows, Linux ou MacOS;
- O IDE é gratuito;
- Total compatibilidade entre o IDE e a placa, não sendo necessárias configurações complexas.
- Na maioria dos outros kits, a compilação e a gravação do programa no microcontrolador são realizadas em softwares diferentes;
- Não precisa de alimentação externa;
- Preço mais acessível, se comparado a um kit com microcontrolador;
- É uma plataforma já pronta para trabalhar;
- Trabalha com a linguagem C++.
- Por fim, existem inúmeras bibliotecas e exemplos prontos, reduzindo o tempo de desenvolvimento de sua prototipação utilizando *shields*.

1.7. Explicando exemplos de códigos do IDE

O IDE apresenta inúmeros exemplos prontos para execução. O mais simples deles é o pisca-pisca, que no IDE é chamado **Blink**.

1.7.1 Explicando o algoritmo do Pisca-pisca

O algoritmo pisca-pisca (Blink) encontra-se no menu **Arquivo / Exemplos / 01.Basics / Blink**, como pode ser visto na Figura 1.8.

O algoritmo do pisca-pisca é explicado a seguir. Mostramos o código do *Blink* no Exemplo 1.1. Neste algoritmo, retiramos os comentários para facilitar a explicação do funcionamento do pisca-pisca, que liga e desliga o LED por um segundo.

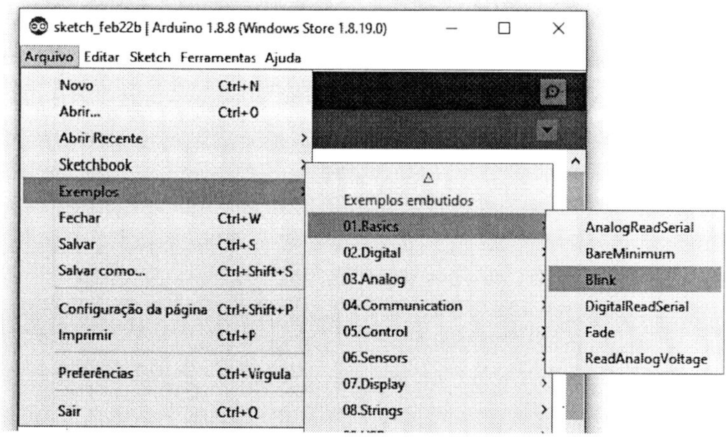

Figura 1.8: Como abrir o exemplo *Blink*.

Exemplo 1.1 — Sketch. O código do *Blink*.

```
1 void setup() {
2   pinMode(LED_BUILTIN, OUTPUT);
3 }
4 void loop() {
5   digitalWrite(LED_BUILTIN, HIGH);
6   delay(1000);
7   digitalWrite(LED_BUILTIN, LOW);
8   delay(1000);
9 }
10
```

■

Nas plataformas Arduino Uno, Mega 2560 e Due há um LED conectado ao pino 13. Este pino é automaticamente selecionado pelo compilador através do comando *LED_BUILTIN*.

O procedimento **setup** é acionado apenas uma vez quando pressionado o botão de *reset*, ou ao ligar o Arduino. O código inicializa o hardware dentro do **void setup**. Nesta função, o comando **pinMode(LED_BUILTIN, OUTPUT)** atribui ao pino 13 a condição de porta de saída digital.

O procedimento **loop** é executado num ciclo infinito após a execução do **setup**. No algoritmo **Blink** o comando da linha 5, **digitalWrite(LED_BUILTIN, HIGH)**, liga o LED ao fixar a sua saída para o nível lógico alto.

Já na linha 6, o comando **delay(1000)** faz com que o Arduino permaneça processando esta linha por 1000 milissegundos (ou melhor, 1 segundo).

Na linha 7, o comando **digitalWrite(LED_BUILTIN, LOW)** fixa o valor do pino 13 em nível lógico baixo. Novamente, na linha 8, há uma espera de 1 segundo; após esse procedimento, reinicia-se o procedimento **loop**, ligando-se novamente o LED por 1 segundo, desligando-o em seguida, por 1 segundo, repetindo-se o ciclo indefinidamente.

1.7.2 Explicando o algoritmo do Servomotor

O Exemplo 1.2 de um servo pode ser encontrado em **Arquivo/Exemplos/Servo/Knob**. Da mesma forma que no Exemplo 1.1, retiramos os comentários do código original.

O código a seguir cria uma **instância** chamada *myservo*. O termo **instância** será tratado no Capítulo 14, quando tratarmos da linguagem C++.

Exemplo 1.2 — Servo. O Sketch Knob.

```
1 #include <Servo.h>
2 Servo myservo;
3 int potpin = 0;
4 int val;
5 void setup() {
6   myservo.attach(9);
7 }
8 void loop() {
9   val = analogRead(potpin);
10  val = map(val, 0, 1023, 0, 180);
11  myservo.write(val);
12  delay(15);
13 }
```

■

O esquema de ligação do circuito pode ser visto na Figura 1.9.

No Exemplo 1.2, a biblioteca é inserida na **lista de inclusões** (vista na seção 8.3), pois esta biblioteca possui todos os códigos necessários para o controle do servo. Foram criadas duas variáveis globais, chamadas de *potpin* e *val*. A primeira armazena o número do canal analógico (canal 0) e a segunda armazena o valor lido pelo canal analógico (ligado a um potenciômetro).

No procedimento **setup**, o código escrito na linha 6 (**myservo.attach**) define o pino digital 9 como o pino que comandará o servo.

O *sketch* realiza a função de mover o servo de acordo com o ajuste do potenciômetro. Na linha 9, a variável *val* recebe a leitura do canal 0 do conversor

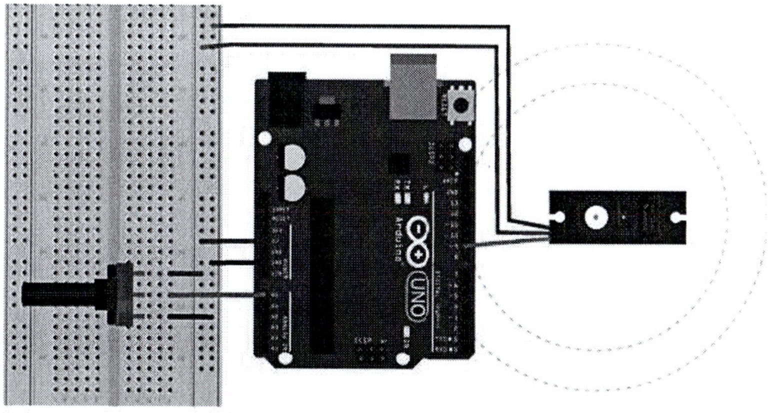

Figura 1.9: Circuito do sketch Knob.

AD. Na linha 10, a função **map** ajusta o valor da variável (de 0 a 1023) para o valor do ângulo (0 a 179). A função **map** será estudada na seção 11.5.5. Na linha 11, o comando **write** move o servo até o ângulo desejado. Na linha 12, o comando **delay** serve para que o servo tenha tempo de girar até o ângulo desejado.

Se você compreendeu esses dois exemplos, já está pronto para trabalhar com o Arduino, e com certeza este livro o enriquecerá em alguns conhecimentos mais avançados. Entretanto, este livro é dedicado a você que não compreendeu a maior parte dos códigos descritos; portanto, não se preocupe, caso não tenha compreendido esses dois exmplos, pois este livro abordará desde os assuntos mais básicos de programação e com certeza faremos um estudo mais detalhado de todos esses comandos usados.

1.8. Objetivos do livro

ESPERAMOS que este livro possa contribuir no desenvolvimento de projetos eletrônicos utilizando o Arduino. Ao final deste livro, o leitor deste livro será capaz de:

- Desenvolver aplicações básicas com o Arduino, desde pequenos acionamentos até acionamentos de potência;
- Ler sinais de sensores que funcionam entre 0 e 5 V (ou entre 0 e 3,3 V);
- Ler e gravar dados na memória EEPROM interna do Arduino;

- Desenvolver pequenos protocolos de comunicação;
- Controlar servos, motores de passo e motores de corrente contínua;
- Entender o processo de interrupções;
- Conhecer alguns componentes eletrônicos;
- Adaptar sinais de sensores para valores de 0 a 5 V (ou de 0 a 3,3 V).

1.9. Visão geral dos capítulos

ESTE livro é dividido em 4 partes. Na primeira, a introdução, é limitada por este capítulo, em que apresentamos o Arduino e limitamos os temas que serão estudados. A segunda parte consiste no estudo de assuntos relacionados à Eletrônica Digital, que podem ser muito úteis em projetos com Arduino ou microcontroladores, de forma geral. Na terceira parte, iniciamos o estudo da programação, a linguagem C, C++ e comandos específicos do Arduino. Na quarta parte, estudamos assuntos da eletrônica analógica, que são importantes em qualquer projeto envolvendo eletrônica. Finalmente, na quinta parte, apresentamos projetos, em que são aplicados os temas apresentados ao longo deste livro, relacionando-os.

1.10. Problemas

Problema 1.1 — Vantagens do Arduino. Quais são as vantagens em se utilizar o Arduino em relação aos microcontroladores mais comuns?

Problema 1.2 — Arduino. Defina Arduino.

Problema 1.3 — Projetos com Arduino. Encontre cinco trabalhos na internet usando o Arduino. Discuta com os seus colegas de classe o nível de conhecimento dos executores desses trabalhos.

Problema 1.4 — Instalação. Baixe o IDE do Arduino e instale-o em seu computador. Utilize o Arduino Uno ou Mega 2560. Abra o programa do pisca-pisca e grave o código no seu Arduino. Veja o LED do pino 13 piscar. Tente fazer o mesmo programa sem olhar o código original.

Problema 1.5 — Instalação. Modifique o Algoritmo *Blink* para ligar o LED em 2000 ms e desligar em 5000 ms. Salve o arquivo com o nome **Pisca**.

Problema 1.6 — Outros microcontroladores. Encontre outras plataformas e microcontroladores. Verifique as vantagens e desvantagens de cada um conforme o que você deseja em seus projetos.

Problema 1.7 — Site Arduino. Navegue pelo site www.arduino.cc.

Problema 1.8 — Shields. Encontre lojas que comercializam Shields, componentes, sensores e Arduino. Verifique se há alguns desses elementos para os projetos que você pretende realizar.

Problema 1.9 — Internet. Encontre na Internet algum site que tenha o **servo 9g**. Verifique, também, o custo do frete.

Problema 1.10 — Internet. Encontre, na Internet, um projeto eletrônico que utiliza Arduino. Descreva uma lista de componentes, com quantidades e o orçamento. Estime em quanto tempo você realizaria o projeto, uma vez que já estivesse com os componentes em mãos.

2 Pinos de I/O

NESTE capítulo veremos como trabalhar com os pinos de entrada e de saída digitais do Arduino, de uma forma superficial, para que o leitor possa desfrutar um pouco da capacidade do Arduino. Alguns tópicos, como o protoboard, resistores e LEDs serão melhor detalhados no livro voltado à eletrônica analógica.

2.1. Pinos digitais de saída

O Arduino Uno possui 14 portas digitais, sendo enumeradas de 0 a 13. O Arduino Mega 2560 possui 54 pinos digitais, sendo enumerados de 0 a 53, como visto na Figura 2.1.

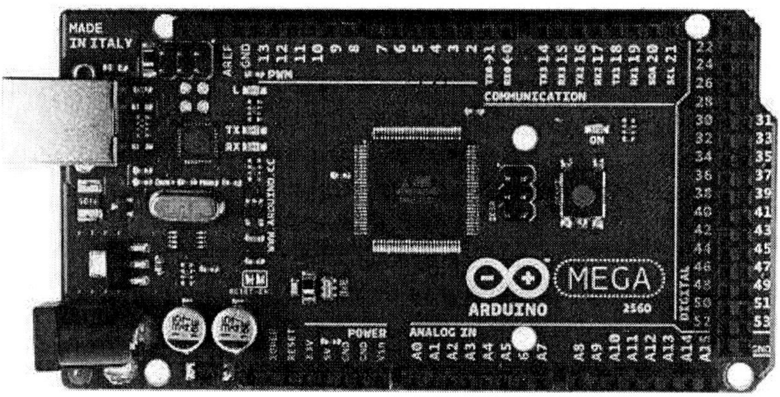

Figura 2.1: Arduino Mega 2560.

Qualquer uma das portas digitais pode ser configurada como pino de saída, por meio da utilização do comando mostrado a seguir.

```
pinMode(PINO,OUTPUT);
```

Em que *PINO* é o número do pino, que pode ser um valor inteiro entre 0 e 13. Vejamos, agora, como definir *PINO*. Podemos declará-lo de três formas. A primeira é a mais comum em exemplos de projetos com Arduino, sendo declarada como uma variável.

```
int PINO = 5;
```

A segunda é declarada como uma constante, cuja abreviatura é **const**, vista a seguir.

```
const int PINO = 5;
```

A terceira é definida como a diretiva **define**. Note que não há ponto e vírgula, como ocorre nos dois casos anteriores.

```
#define PINO 5
```

As duas primeiras formas são as mais comuns. A utilização de **define** não é a mais recomendada pelo site oficial do Arduino.

Cada pino defino como saída deve estar em nível lógico alto (5 V) ou em nível lógico baixo (0 V).

O comando a seguir coloca o *PINO* em nível lógico alto.

```
digitalWrite(PINO,HIGH);
```

O comando a seguir coloca o *PINO* em nível lógico baixo.

```
digitalWrite(PINO,LOW);
```

Vejamos agora um exemplo que reproduza uma sinalização de saída de veículos. Nesse caso, há dois LEDs que piscam alternadamente, ou seja, enquanto um LED encontra-se ligado, o outro encontra-se desligado e vice-versa. Para tal circuito, utilizamos os pinos 11 e 13.

```
const int LED1 = 11;
const int LED2 = 13;
void setup(){
  pinMode(LED1, OUTPUT);
  pinMode(LED2, OUTPUT);
}

void loop(){
  digitalWrite(LED1, LOW);
  digitalWrite(LED2, HIGH);
  delay(500);
  digitalWrite(LED1, HIGH);
  digitalWrite(LED2, LOW);
  delay(500);
}
```

O circuito desse código é mostrado na Figura 2.2. Os pinos ligados aos LEDs são de 330 Ω.

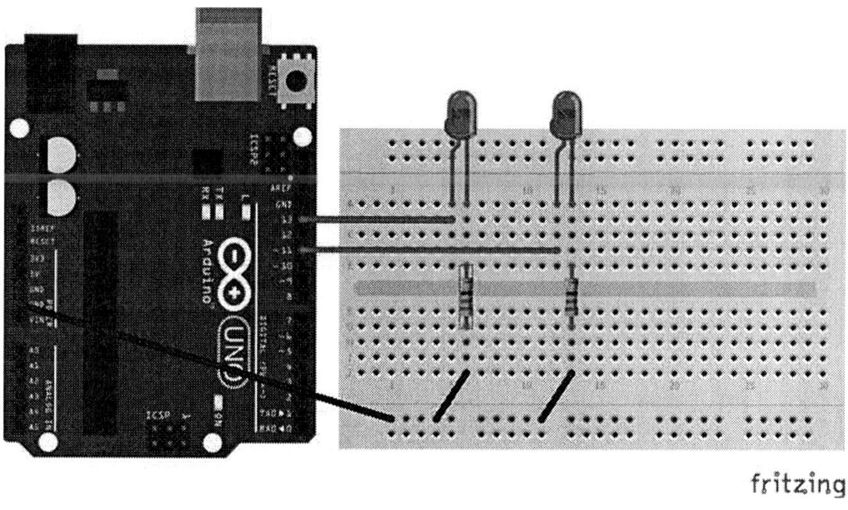

Figura 2.2: Circuito com 2 LEDs.

2.2. Pinos digitais de entrada

Os 14 pinos do Arduino Uno e os 54 pinos do Arduino Mega 2560 também podem ser configurados como pinos de entrada digitais.

O comando, a seguir, define o pino *PINO* como entrada. Este comando deve ser aplicado quando há algum sensor digital inserido ao pino em questão. Caso o pino de entrada esteja flutuando, será necessário colocar um resistor de *pull up*, como mostrado na Figura 2.3. O resistor utilizado foi de 1 kΩ.

```
pinMode(PINO,INPUT);
```

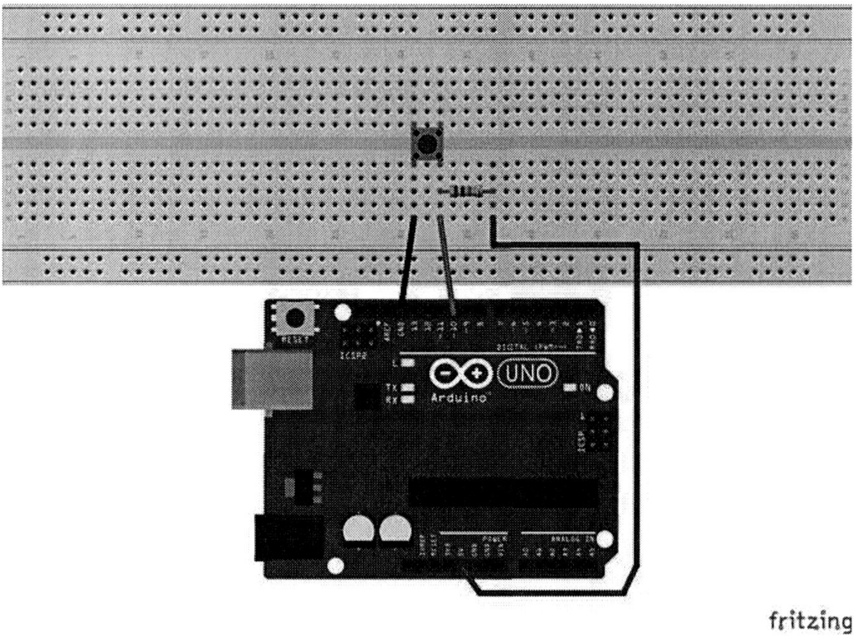

Figura 2.3: Botão ligado ao pino de entrada com resistor de *pull up* externo.

O comando, a seguir, também define o pino *PINO* como entrada. Todavia, este comando liga o resistor de *Pull up*. Este resistor ativa a entrada como alta, impedindo com que o pino esteja flutuando, ou seja, mudando de estado aleatoriamente de nível alto para o nível zero de nível baixo para nível alto. Este comando é o ideal para ligar chaves mecânicas ou mesmo botões do tipo *push-button*. A Figura 2.4 mostra a simplicidade do circuito ao inserir o resistor de *pull up* por meio da palavra **INPUT_PULLUP**.

```
pinMode(PINO,INPUT_PULLUP);
```

Tanto para a Figura 2.4 e para a Figura 2.3, a leitura do pino será em nível lógico alto. Ao apertar o botão, a leitura será de nível lógico baixo. Para armazenar o valor lido, pode ser criada uma variável booleana, ou seja, uma variável que armazena o nível lógico alto ou nível lógico baixo.

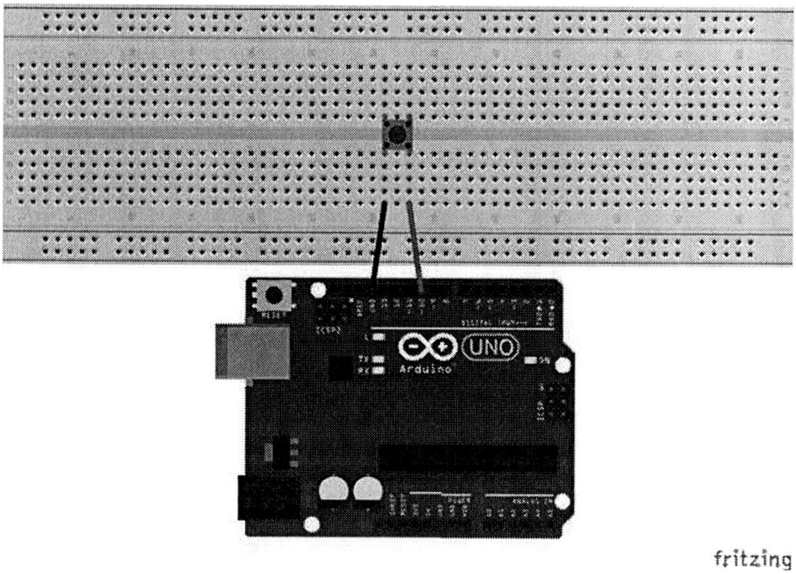

Figura 2.4: Botão ligado ao pino de entrada.

A leitura do pino pode ser realizada por meio do comando a seguir.

```
bool x;
x = digitalRead(PINO);
```

Vejamos o código a seguir, em que ao apertar o botão, o LED será acionado por 5 segundos, e após, será desligado.

```
const int led = 13;
const int botao = 10;
void setup(){
  pinMode(botao,INPUT_PULLUP);
  pinMode(led,OUTPUT);
  digitalWrite(led,LOW);
}
void loop(){
  bool leitura = digitalRead(botao);
  if(leitura == LOW){
    digitalWrite(led,HIGH);
    delay(5000);
    digitalWrite(led,LOW);
  }
}
```

2.3. Mais detalhes sobre portas digitais

ALGUNS detalhes são importantes antes de continuarmos. Para começarmos, os pinos 0 e 1 são conectados diretamente à porta de comunicação serial (USB). Portanto, se o seu Arduino estiver ligado diretamente à porta USB (e normalmente está), não utilize as portas 0 e 1.

Os pinos de saída digitais limitam-se em tensão e em corrente. Isso significa que um pino de saída não é capaz de acionar dispositivos que demandem correntes, tensões ou potências elevadas. Nunca tente acionar diretamente pelas portas do Arduino dispositivos de potência, como motores.

No caso do Arduino Uno e Mega 2560, devemos saber que os pinos apenas podem trabalhar com tensões entre 0 V e 5 V. Já no Arduino Due, a faixa de tensão dos pinos encontra-se entre 0 e 3,3 V. Qualquer valor fora dessa escala estará sujeito à queima.

Embora cada pino possa oferecer até 30 mA, o Arduino não pode suportar que todos os pinos ofereçam esse valor ao mesmo tempo. Se cada um dos pinos oferecer esse valor, o Arduino Uno teria que oferecer o valor dado pela Equação 2.1.

$$I_{total} = 14 \cdot 30mA = 420mA \tag{2.1}$$

Para o Arduino Mega 2560, temos a corrente dada pela Equação 2.2. Lembrando que a corrente máxima suportada pelo Arduino é de 500 mA, é impossível sustentar toda essa corrente. Todavia, a utilização de *drives* de potência pode reduzir essa demanda por corrente.

$$I_{total} = 54 \cdot 30mA = 1.620mA \tag{2.2}$$

Por enquanto, esses detalhes de hardware relacionado à interface entre o Arduino e dispositivos de potência não serão abordados neste livro, ficando para depois. Por agora, precisamos aprender sobre o Arduino, para somente depois aprendermos sobre como utilizá-lo como elemento de controle de dispositivos de potência.

2.4. Problemas

Problema 2.1 — Pinos de Saída. Desenvolva um *sketch* acione 4 LEDs em sequência, demorando 1 segundo entre cada acionamento. Após os quatro LEDs serem acionados e, após 1 segundo, desligue todos os LEDs de uma vez, mantendo desligados por dois segundos.

Problema 2.2 — Pinos de Entrada. Encontre na internet sensores digitais que podem ser usados no Arduino.

Problema 2.3 — Pinos de entrada e de saída. Tente encontrar na internet projetos que utilizem sensores digitais e que tenham como saídas dispositivos de acionamentos do tipo liga-desliga.

Problema 2.4 — Pinos de entrada e de saída. Desenvolva um *sketch* que leia dois *push buttons*. Ao pressionar o primeiro, ligue o Led do pino 13. Ao pressionar o segundo, desliga o Led do pino 13.

3 Trabalhando com a serial

A comunicação serial entre o Arduino e o computador é a forma mais simples e eficaz de identificar se o desenvolvimento do seu algoritmo está indo de acordo com o programado. Em outras palavras, você pode *debugar* o seu programa, verificando possíveis falhas ou pontos que não estejam de acordo com os seus objetivos.

3.1. Taxa de transmissão serial

DEFINIR a taxa de transmissão serial é um dos primeiros passos para estabelecer a comunicação entre dois dispositivos. Isso se reflete no primeiro comando que devemos escrever para utilizar a porta serial.

A taxa de transmissão (também conhecida como *baud rate*) deve ser estabelecida entre o transmissor e o receptor. A taxa de 9600 bits por segundo é um dos valores mais utilizados e é um valor padrão para o IDE do Arduino, por isso vamos usá-la predominantemente. As taxas de transmissão mais comuns são mostradas na Tabela 3.1.

Baud rate					
300	600	1.200	2.400	4.800	9.600
19.200	38.400	57.600	115.200	250.000	230.400

Tabela 3.1: Taxas de transmissão mais comuns

O comando **Serial.begin** inicializa a serial, com a taxa de transmissão desejada. O sketch a seguir mostra como inicializar a serial.

```
void setup(){
  Serial.begin(9600);
}
void loop(){
}
```

3.2. Abrindo o Monitor Serial

O Monitor Serial é uma interface de comunicação serial integrada ao IDE. As formas mais comuns de acessá-la são mostradas a seguir.

A Figura 3.1 mostra o caminho para abrir o Serial Monitor a partir do menu Tools / Serial Monitor, bem como as teclas de atalho (CTRL + SHIFT + M) ou também podemos acessar a serial clicando no botão indicado pela seta.

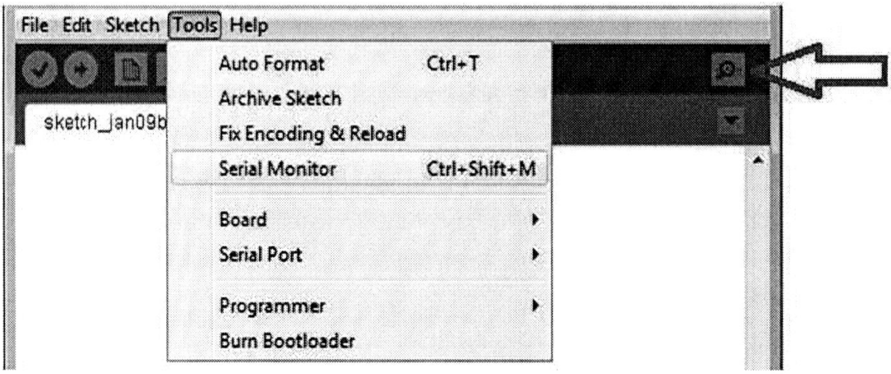

Figura 3.1: Abrindo o Monitor Serial.

Ao chamar o Monitor Serial, abriremos a janela mostrada na Figura 3.2. Nessa tela há uma linha para enviar dados para o Arduino e um espaço, abaixo da linha de enviar, que mostra os dados oriundos do Arduino. Para enviar um dado, basta digitar o caractere e clicar no botão **Enviar**, que está à direita da tela.

Figura 3.2: O monitor serial.

Na parte de baixo da tela *Monitor Serial* há alguns botões, inclusive um para ajustar o *baud rate*. Para configurar a taxa de transmissão serial, há um botão chamado *velocidade*. Ao clicá-lo, vemos as taxas de transmissão disponíveis, mostradas na Figura 3.3.

Lembre-se de certificar-se de que a taxa de transmissão serial seja a mesma entre o *Monitor Serial* e a do Arduino.

Figura 3.3: Configurando a taxa de transmissão serial.

3.3. O Hello World

O primeiro programa utilizando o Monitor Serial é o *Hello World*. Para escrever um texto, utilizamos o comando **Serial.print**. O *sketch* é mostrado no Exemplo 3.1.

Exemplo 3.1 — Serial. Escreva o *Hello World!* para Arduino.

```
void setup() {
  Serial.begin(9600);
  Serial.print("Hello World!");
}
void loop() {

}
```

Após gravar o código do Exemplo 3.1 no Arduino, aparecerá no Monitor Serial o texto mostrado na Figura 3.4.

Figura 3.4: Resultado do Exemplo 3.1.

3.4. O Arduino enviando dados

PARA receber dados do Arduino basta utilizarmos os métodos **write**, **print** e **textln**. Cada um desses métodos será detalhado a seguir.

3.4.1 O método write

O método **write** escreve caracteres simples. Pode ser usado quando o Arduino estiver se comunicando com algum dispositivo específico, em vez do Monitor Serial. Por outro lado, quando escrito no Monitor, os caracteres serão escritos conforme cada caractere desejado.

Vejamos o Exemplo 3.2, em que a palavra *Arduino* é escrita caractere por caractere através do método **write**. Observe que entre os caracteres devem haver aspas simples.

Exemplo 3.2 — write. Como escrever caracteres pela serial?.

```
Serial.write('A');
Serial.write('r');
Serial.write('d');
Serial.write('u');
Serial.write('i');
Serial.write('n');
Serial.write('o');

```

No Monitor Serial será mostrada a palavra *Arduino*. ■

3.4.2 O método print

Este método envia um texto ou uma variável convertida em texto. Esse comando também pode converter um número em outra base, como as bases binária, octal e hexadecimal. Vejamos o Exemplo 3.3. Observe que entre o texto devem haver aspas duplas.

Exemplo 3.3 — print. Como escrever um texto pela serial?.

```
Serial.print("Imprimindo um texto");
```

■

O Exemplo 3.4 mostra como escrever o resultado de uma variável.

Exemplo 3.4 — print. Como escrever os dados de uma variável pela serial?

```
int var = 100;
Serial.print(var);
```

O valor impresso no Monitor Serial será **100**. ■

Para escrever um texto em conjunto com uma variável, podemos utilizar duas formas diferentes. A primeira delas é mostrada no Exemplo 3.5. Note que o comando **Serial.write(9)** escreve o símbolo **TAB** (tabulação), da tabela ASCII, que será mostrada na Seção 5.4.

Exemplo 3.5 — print. Como escrever os dados de uma variável pela serial?.

```
int var = 100;
Serial.print("Valor armazenado: ");
Serial.write(9);
Serial.print(var);

```

O resultado será escrito no Monitor Serial: **Valor armazenado: 100**. ■

A segunda forma é mostrada pelo Exemplo 3.6. A transformação da variável numérica **var** em texto é dada pela palavra **String**. Essa forma de escrever os dados pelo Monitor Serial deixa o código mais claro, facilitando o entendimento do código.

Exemplo 3.6 — print. Como escrever os dados de uma variável pela serial?.

```
int var = 100;
Serial.print("Valor armazenado: " + String(var));

```

O resultado será escrito no Monitor Serial: **Valor armazenado: 100**. ■

3.4.3 O método println

Este imprime um texto na porta serial. A diferença entre **Serial.print** e **Serial.println** é que no segundo caso há uma quebra de linha. Vejamos os resultados do Exemplo 3.7 e do Exemplo 3.8.

Exemplo 3.7 — println. Como verificar se o Arduino recebeu dados pela serial?

```
void setup(){
  Serial.begin(9600);
  Serial.print("Este e um teste de impressao");
  Serial.print("Continuando a impressao da mensagem");
}
```

O monitor Serial é mostrado na Figura 3.5. ■

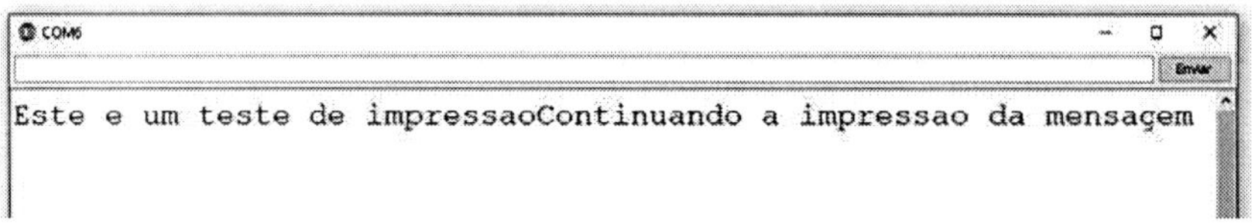

Figura 3.5: Monitor serial do Exemplo 3.7.

Exemplo 3.8 — println. Como verificar se o Arduino recebeu dados pela serial?

```
void setup(){
  Serial.begin(9600);
  Serial.println("Este e um teste de impressao");
  Serial.println("Continuando a impressao da mensagem");
}
```

O monitor Serial é mostrado na Figura 3.6. ■

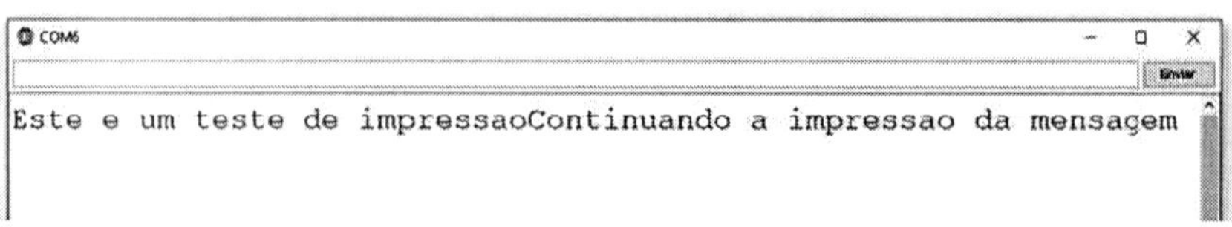

Figura 3.6: Monitor serial do Exemplo 3.8.

3.5. O Arduino recebendo dados

Ao receber um byte, o Arduino cria um buffer para guardar os dados oriundos da serial. Neste caso, para descobrir o tamanho do pacote recebido, basta utilizar o código mostrado no Exemplo 3.9.

Exemplo 3.9 — available. Como verificar se o Arduino recebeu dados pela serial?

```
if(Serial.available()>0){
  byte dado = (byte)Serial.read();
  ...
}
```

Se algum byte chegar pela serial, será armazenado pela variável *dado*. ■

No Exemplo 3.9, se chegar mais de um byte, a variável *dado* receberá o primeiro byte que tiver chegado. Por exemplo, se for enviado ao Arduino os caracteres **Arduino**, o valor armazenado por *dado* será o caractere **A**. Para acessar os demais caracteres, esse código deverá ser repetido. Vejamos o Exemplo 3.10.

Exemplo 3.10 — available. Como acionar dispositivos por meio da serial?

```
void setup(){
  Serial.begin(9600);
  pinMode(13,OUTPUT);
}

void loop(){
  if(Serial.available()>0){
    byte dado = (byte)Serial.read();
      if(dado=='A'){
        digitalWrite(13, LOW);
      }
      if(dado=='o'){
        digitalWrite(13, HIGH);
      }
  }
}

```

■

No Exemplo 3.10, ao receber a palavra **Arduino**, esta palavra será armazenada num buffer. No código, ao constatar que chegaram bytes na serial por meio do método **Serial.available()**, será realizada a leitura do buffer, byte por byte. Como o primeiro byte é **A**, será desligado o LED. Os outros bytes também serão lidos, mas apenas quando o byte **o** for lido que o LED será ligado.

Como já foi dito, a porta serial cria um *buffer* automaticamente, no qual nós, programadores, não participamos diretamente deste controle. Em alguns microcontroladores, o controle do *buffer* de dados recebidos deve ser feito totalmente pelo programador.

Outra forma de verificar o recebimento de dados pela serial é usar o procedimento chamado **serialEvent**. O procedimento **serialEvent** é executado a cada ciclo do **void loop()** quando algum dado serial é recebido. No Exemplo 3.11, ao receber um dado pela serial, o Arduino espera a finalização de um ciclo do **loop()** para executar o **serialEvent**. Ao executá-lo, o algoritmo verifica o dado recebido.

Exemplo 3.11 — serialEvent. Como utilizar o serialEvent?

```
void setup(){
  Serial.begin(9600);
  pinMode(13,OUTPUT);
}
void loop(){
  //Inserir o codigo aqui
}
void serialEvent(){
  while(Serial.available()>0){
    byte dado = (byte)Serial.read();
    if(dado=='A'){
      digitalWrite(13,LOW);
    }
    if(dado=='o'){
    digitalWrite(13,HIGH);
    }
  }
}
```

■

Outra diferença entre o Exemplo 3.10 e o Exemplo 3.11 foi a substituição de **if** por **while**. Dessa forma, todo o pacote de dados recebidos será analisado, byte por byte, de uma só vez.

3.6. Problemas

Problema 3.1 Melhore o sketch **blink** para que seja mostrado pelo Monitor Serial o estado do LED, imprimindo "Ligado"ou "Desligado".

Problema 3.2 Desenvolva um sketch que realize a leitura do Monitor Serial e acione o LED, caso seja lido o caractere **L**. Se o caractere for **D**, desliga o LED.

Eletrônica Digital

4 Sistemas de numeração

A compreensão de princípios básicos da eletrônica digital é fundamental no estudo sobre microcontroladores. Na verdade, todo o hardware de um microcontrolador é desenvolvido a partir de elementos básicos da eletrônica digital. Dessa forma, quando falamos em registrador, unidade lógico aritmética (ULA), conversor analógico digital, memória RAM, ROM, EEPROM e FLASH, estamos falando de circuitos digitais que estão encapsulados no microcontrolador. Portanto, abordar esses conteúdos auxilia na compreensão do Arduino, além de poder contribuir para o desenvolvimento de seus projetos. Neste capítulo, vamos aprender a converter qualquer número inteiro nas bases mais usadas: decimal, binária e hexadecimal.

A base numérica em que os microcontroladores trabalham internamente é a binária. Nós, seres humanos, fomos condicionados a trabalhar com a base decimal. Já a base hexadecimal é uma forma de reduzir o número de dígitos de um número representado numa base binária. De uma forma direta, a partir de uma tabela, podemos converter números binários em hexadecimal e vice-versa, como pode ser vista na Tabela 4.1.

Binária	Hexadecimal	Decimal
0b0000	0x0	0
0b0001	0x1	1
0b0010	0x2	2
0b0011	0x3	3
0b0100	0x4	4
0b0101	0x5	5
0b0110	0x6	6
0b0111	0x7	7

Binária	Hexadecimal	Decimal
0b1000	0x8	8
0b1001	0x9	9
0b1010	0xA	10
0b1011	0xB	11
0b1100	0xC	12
0b1101	0xD	13
0b1110	0xE	14
0b1111	0xF	15

Tabela 4.1: Tabela de valores em bases diferentes

A base numérica significa quantos símbolos diferentes temos disponíveis para representar um determinado dígito. Um dígito é o espaço reservado para um símbolo. Por exemplo, o número 321 é composto por três dígitos, em que cada dígito é ocupado pelos símbolos **3**, **2** e **1**. No caso da base decimal, temos 10 símbolos. São eles: 0, 1, 2, 3, 4, 5, 6, 7, 8 e 9. No caso da base binária, temos dois: 0 e 1. Já no caso da base hexadecimal, precisamos de 16 símbolos, são eles: 0, 1, 2, 3, 4, 5, 6, 7, 8, 9, A, B, C, D, E, F.

Inicialmente vamos aprender algumas das notações mais utilizadas. A notação X_y significa que o número X está na base y. Vejamos alguns exemplos:

Exemplo 4.1 — Representação de números em bases. Represente 8 na base 10.

8_{10} : significa que temos o número 8 na base 10 (decimal). Todo número na base 10 pode ser simplesmente escrito omitindo-se a base que, neste caso, é o número 8. ■

Exemplo 4.2 — Representação de números em bases. Represente 7 na base Hexadecimal.

7_{16} : significa que temos o número 7 na base 16 (hexadecimal). Números representados na base 16 podem ser escritos substituindo-se 16 por H. Dessa forma, o número 7 na base hexadecimal pode ser escrito como: 7_H. ■

Exemplo 4.3 — Representação de números em bases. Represente 101 na base Binária.

101_2 : significa que temos o número 101 na base 2 (binária). Na base binária, podemos substituir a base 2 por B. Logo, o número pode ser escrito como: 101_B. ■

No Arduino, podemos representar números em bases diferentes. Na base decimal, basta digitarmos o número desejado, por exemplo, o número 512. Na base binária, devemos escrever o número com o prefixo 0*b*, por exemplo, o número 0*b*1011. Na base hexadecimal, devemos escrever o número com o prefixo 0*x*, por exemplo, o número 0*xA*03.

A seguir aprenderemos a representar valores em diferentes bases. Ao compreendermos a representação de valores em bases diferentes, saberemos porque, no código anterior, as variáveis x, y e z receberam os valores 11, 17 e 3 (na base decimal), respectivamente. Para isso, veja o Exemplo 4.4, em que são escritos números em bases diferentes no IDE.

Exemplo 4.4 — Arduino. Escrevendo no Sketch valores em bases diferentes.

```
int x, y, z;
x = 11;    //x recebe 11 decimal
y = 0x11;  //y recebe 11 hexadecimal (17 decimal)
z = 0b11;  //z recebe 11 binario (3 decimal)

```

■

Antes de iniciarmos o processo de conversão, relembremos alguns tópicos da matemática: símbolo e índice. O Exemplo 4.5 ilustra estes dois tópicos.

Exemplo 4.5 — Símbolo e índice. Determine os símbolos e os índices do número 9756.

	Número			
Símbolo	9	7	5	6
Índice	3 (milhar)	2 (centena)	1 (dezena)	0 (unidade)

Temos o índice da unidade, dezena, centena e milhar. Cada um corresponde a um valor para representar o número 9756 a partir da seguinte soma: $9756 = 9 \cdot 10^3 + 7 \cdot 10^2 + 5 \cdot 10^1 + 6 \cdot 10^0$ ■

A partir dessa rápida revisão, vamos agora converter os números para diferentes bases.

4.1. Decimal para uma base qualquer

PARA converter um número que esteja representado na base decimal em qualquer outra base, devemos realizar divisões sucessivas, até que o resto da divisão não possa mais ser dividido. O divisor que devemos usar nas divisões sucessivas é o valor da base em que queremos converter o número. Após as divisões sucessivas, o dígito mais significativo será o resto da última divisão; os demais dígitos serão obtidos dos quocientes, na ordem inversa em que foram divididos, onde o dígito menos significativo será o quociente da primeira divisão.

Seja o Teorema 1. Para compreendê-lo, vamos ver um exemplo genérico, mostrado na Figura 4.1.

Teorema 1 — Conversão de decimal para uma base qualquer. Para converter um número Decimal para uma base qualquer, deve-se dividi-lo sucessivamente pela base. Ao final do procedimento, deve-se resgatar os valores das divisões, como mostrado na Figura 4.1. Logo, o valor na base *Base* será $W_nR_n...R_4R_3R_2R_1$.

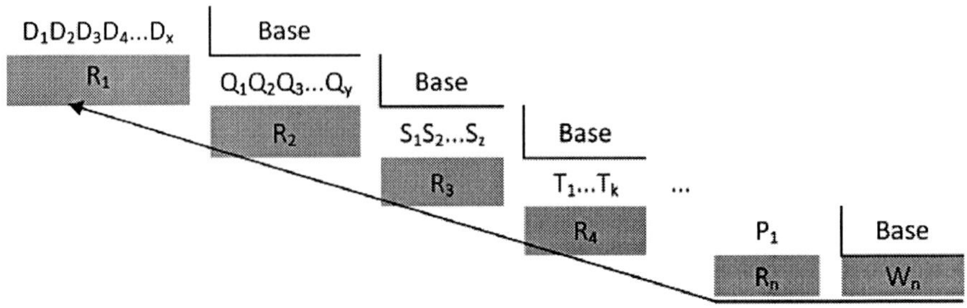

Figura 4.1: Conversão de decimal para a base desejada.

Vejamos também o Teorema 2.

Teorema 2 — Resto da divisão. O valor do resto de uma divisão sempre será menor do que o valor do divisor.

4.1.1 Decimal em binário

Para a conversão de decimal para binário, utilizaremos a técnica mostrada no Teorema 1, em que a base é o número 2.

Vejamos como converter um número decimal em binário, utilizando o Exemplo 4.6, que converte o número 6 em binário.

Exemplo 4.6 — Dec-Bin. Converta o número 6 em binário.

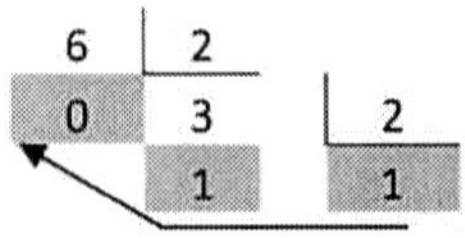

A imagem acima mostra o procedimento de conversão do número 6 para binário. O número 6, em binário, é 0b110. ■

De forma análoga, vejamos, agora, o Exemplo 4.7, que converte o número 30 em binário.

O Exemplo 4.8 converterá o número 45 em binário.

Por último, o Exemplo 4.9 converterá o número 127 em binário.

Exemplo 4.7 — Dec-Bin. Converta o número 30 em binário.

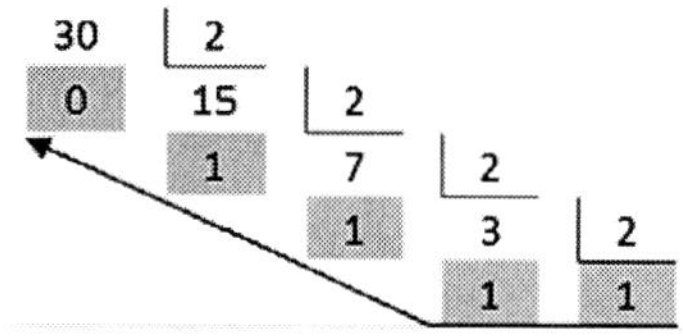

A imagem acima mostra o procedimento de conversão do número 30 para binário. O número 30, em binário, é 0b11110. ■

Exemplo 4.8 — Dec-Bin. Converta o número 45 em binário.

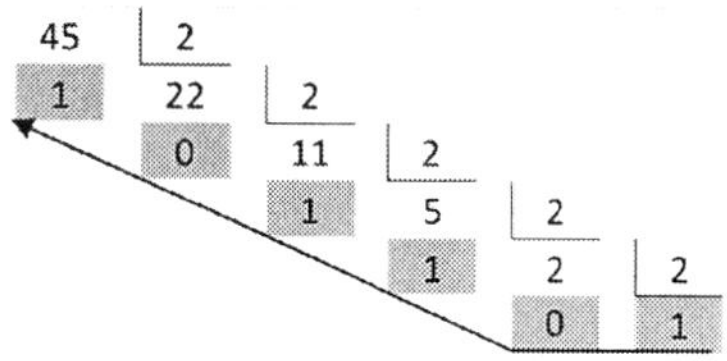

A imagem acima mostra o procedimento de conversão do número 45 para binário. O número 45, em binário, é 0b101101. ■

Exemplo 4.9 — Dec-Bin. Converta o número 127 em binário.

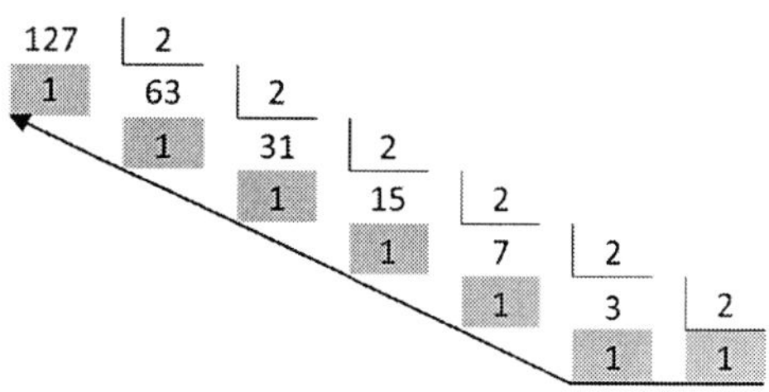

A imagem acima mostra o procedimento de conversão do número 45 para binário. O número 127, em binário, é 0b1111111. ■

O Exemplo 4.10 mostra um sketch que mostra os valores a seguir, em binário. No Arduino, o comando **Serial.print** ou **Serial.println** permite a impressão do número em binário (BIN), decimal ou hexadecimal (HEX).

Exemplo 4.10 — Arduino. Convertendo os números para binário.
a) 100 b) 300 c) 1005 d) 2054 e) 55753

```
void setup(){
  unsigned a,b,c,d,e;
  a = 100;
  b = 300;
  c = 1005;
  d = 2054;
  e = 55753;
  Serial.begin(9600);
  Serial.println("Convertendo Decimal para Binario");
  Serial.println(a,BIN);
  Serial.println(b,BIN);
  Serial.println(c,BIN);
  Serial.println(d,BIN);
  Serial.println(e,BIN);
}
void loop(){

}
```

■

4.1.2 Decimal para hexadecimal

Vejamos, agora, o Exemplo 4.11 que converte o número 6 em hexadecimal. O Exemplo 4.12, Exemplo 4.13 e Exemplo 4.14 também convertem números na base decimal para a base hexadecimal.

Exemplo 4.11 — Dec-Hexa. Converta o número 6 para a base Hexadecimal.

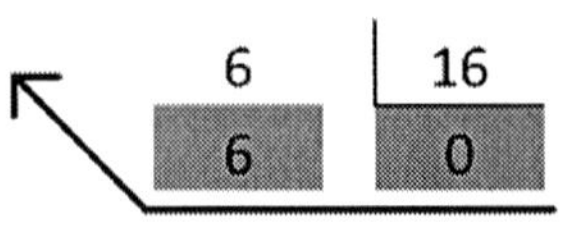

A imagem acima mostra o procedimento de conversão do número 6 para binário.
O número 6, em hexadecimal, é 0x06. ■

Exemplo 4.12 — Dec-Hexa. Converta o número 30 para a base Hexadecimal.

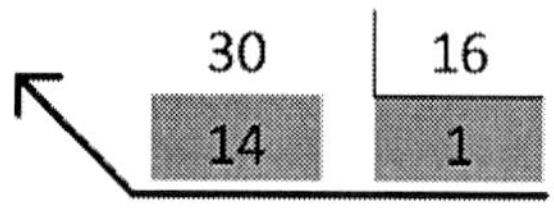

A imagem acima mostra o procedimento de conversão do número 30 para hexadecimal.
Note que o resto da divisão, 14, deve ser convertido em hexadecimal utilizando a Tabela 4.1, cujo valor é E.
O número 30, em hexadecimal, é 0x1E. ■

Exemplo 4.13 — Dec-Hexa. Converta o número 45 para a base Hexadecimal.

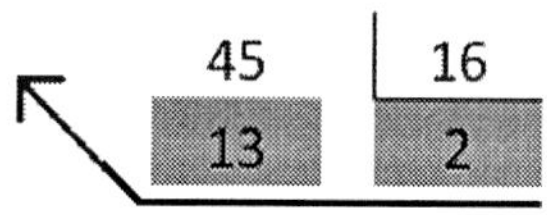

A imagem acima mostra o procedimento de conversão do número 45 para hexadecimal.
Utilizando a Tabela 4.1, o resto, 13, em hexadecimal, é D.
O número 45, em hexadecimal, é 0x2D. ■

Exemplo 4.14 — Dec-Hexa. Converta o número 127 para a base Hexadecimal.

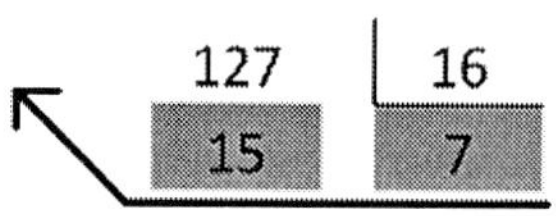

A imagem acima mostra o procedimento de conversão do número 127 para hexadecimal.
O resto, 15, em hexadecimal, é F.
O número 127, em hexadecimal, é 0x7F. ■

O Exemplo 4.15 mostra um *sketch* de conversão entre decimal para hexadecimal. Note que a diferença entre este e o Exemplo 4.10 consiste na mudança do termo **BIN** para **HEX**.

Exemplo 4.15 — Dec-Hexa. Convertendo os números para hexadecimal.
a) 100 b) 300 c) 1005 d) 2054 e) 55753

```
void setup(){
  unsigned a,b,c,d,e;
  a = 100;
  b = 300;
  c = 1005;
  d = 2054;
  e = 55753;
  Serial.begin(9600);
  Serial.println("Valores em Hexadecimal:");
  Serial.println(a,HEX);
  Serial.println(b,HEX);
  Serial.println(c,HEX);
  Serial.println(d,HEX);
  Serial.println(e,HEX);
}

void loop(){

}
```

■

Vimos como converter números de decimal para binário e hexadecimal. O mesmo método pode ser utilizado para a conversão de decimal para qualquer outra base, seguindo os Teoremas 1 e 2. Vejamos, agora, como converter números representados numa base qualquer para a base decimal.

4.2. Base qualquer para decimal

VEJAMOS o Teorema 3. De acordo com este teorema, pode-se converter números, escritos em qualquer base, para a base decimal.

Teorema 3 — Base qualquer para decimal. O número, em decimal, é dado pelo somatório da multiplicação de cada dígito (também chamado símbolo) pela base numérica elevada ao seu respectivo índice.

$$N_{Decimal} = \sum_{i=1}^{n} (Digito \cdot Base^{Indice})$$

4.2.1 Binário para decimal

Vejamos, agora, o Exemplo 4.16 e Exemplo 4.17, que realizam a conversão binária para decimal, utilizando o Teorema 3.

Exemplo 4.16 — Bin-Dec. Converta o número 0b110101 em decimal.

	Número					
Símbolo	1	1	0	1	0	1
Índice	5	4	3	2	1	0

A tabela acima mostra o número, índices e símbolos.
$1 \cdot 2^5 + 1 \cdot 2^4 + 0 \cdot 2^3 + 1 \cdot 2^2 + 0 \cdot 2^1 + 1 \cdot 2^0$
De acordo com o Teorema 3, o montante será $32 + 16 + 4 + 1 = 53$ ■

Exemplo 4.17 — Bin-Dec. Converta o número 0b10110 em decimal.

	Número				
Símbolo	1	0	1	1	0
Índice	4	3	2	1	0

A tabela acima mostra o número, índices e símbolos.
$1 \cdot 2^4 + 0 \cdot 2^3 + 1 \cdot 2^2 + 1 \cdot 2^1 + 0 \cdot 2^0$
De acordo com o Teorema 3, o montante será $16 + 4 + 2 = 22$ ■

4.2.2 Hexadecimal para decimal

Utilizando o Teorema 3, vejamos o Exemplo 4.18, Exemplo 4.19 e Exemplo 4.20.

Exemplo 4.18 — Hexa-Dec. Converta o número 0x10 para decimal.
$1 \cdot 16^1 + 0 \cdot 16^0$
$1 \cdot 16 + 0 = 16$ ■

Exemplo 4.19 — Hexa-Dec. Converta o número 0x2D para decimal.
$2 \cdot 16^1 + D \cdot 16^0$
Devemos utilizar a Tabela 4.1 para sabermos qual é o valor de D.
$2 \cdot 16 + 13 \cdot 1 = 32 + 13 = 45$ ■

Exemplo 4.20 — Hexa-Dec. Converta o número 0xABD para decimal.
$A \cdot 16^2 + B \cdot 16^1 + D \cdot 16^0$
Utilizando a Tabela 4.1, o montante será
$10 \cdot 16^2 + 11 \cdot 16^1 + 13 \cdot 16^0$
$10 \cdot 256 + 11 \cdot 16 + 13 = 2749$ ■

O Exemplo 4.21 mostra um *sketch* semelhante aos Exemplos das seções anteriores, mas com diferenças na entrada de dados e no comando de impressão na porta serial.

Exemplo 4.21 — Arduino. Convertendo os números para decimal.
a) 0xA b) 0x12E c) 0x15 d) 0xAFE1 e) 0x3B

```
void setup(){
  unsigned a,b,c,d;
  a = 0xA;
  b = 0x12E;
  c = 0x15;
  d = 0xAFE1;
  Serial.begin(9600);
  Serial.println("Convertendo Hexa para Decimal");
  Serial.println(a, DEC);
  Serial.println(b, DEC);
  Serial.println(c, DEC);
  Serial.println(d, DEC);
}
void loop(){

}
```

■

No Exemplo 4.21, o comando **Serial.println** poderia se dispensar o termo **DEC**, ficando da seguinte forma:

Comando alternativo

```
Serial.println(a);
Serial.println(b);
Serial.println(c);
Serial.println(d);
```

4.3. Hexadecimal para binário

ESTA é uma conversão simples e direta, utilizando a Tabela 4.1. Vejamos a conversão dos seguintes números: $0x20$ e $0xA0F$.

Exemplo 4.22 — Hexa-Bin. Converta 0x20 em binário.

A Tabela 4.1 mostra os valores em binário e em hexadecimal.
Usando a Tabela 4.1, temos:
$0x2 = 0b0010$ $\quad$ $0x0 = 0b0000$
Logo: $0x20 = 0b10000$ (Os zeros à esquerda podem ser desconsiderados). ■

Exemplo 4.23 — Hexa-Bin. Converta 0xA0F em binário.

Usando a Tabela 4.1, temos:
$0xA = 0b1010$ $\quad$ $0x0 = 0b0000$ $\quad$ $0xF = 0b1111$
Logo: $0xA0F = 0b101000001111$ ■

4.4. Binário para hexadecimal

NOVAMENTE, vamos utilizar a Tabela 4.1, mas olhando a partir da coluna dos números binários. Deveremos aglutinar um grupo de 4 dígitos em binário para assim podermos utilizar a tabela, de modo a encontrarmos o respectivo dígito em hexadecimal. Vejamos o Exemplo 4.24, Exemplo 4.25 e Exemplo 4.26.

Exemplo 4.24 — Bin-Hexa. Converta $0b111$ em Hexadecimal.

Completando um dígito 0 à esquerda, a fim de completar 4 bits, temos: 0b0111, ou seja,

0	1	1	1

Com base na Tabela 4.1, o número é $0x07$. ■

Exemplo 4.25 — Bin-Hexa. Converta $0b1010$ em Hexadecimal.

Como já são 4 dígitos, ou seja,

1	0	1	0

usamos diretamente a Tabela 4.1: A_H, ou $0xA$. ∎

Exemplo 4.26 — Bin-Hexa. Converta $0b111011011101$ em Hexadecimal.

Separando em conjuntos de 4 bits: $1110.1101.1101_B$, ou seja,

1	1	1	0		1	1	0	1		1	1	0	1

Usando diretamente a Tabela 4.1: $0xECC$. ∎

4.5. Auxílio de planilhas eletrônicas

PLANILHAS eletrônicas, tais como *Excel* e *BrOffice*, podem contribuir no estudo de conversão de bases, pois as mesmas possuem funções que realizam esses cálculos. Estão disponíveis funções de conversão entre as bases: decimal, binário, octal e hexadecimal. Vejamos as mais comuns.

4.5.1 Decimal para outras bases

As funções utilizadas para as conversões de números que estejam na base decimal são dadas por:

- **DECAOCT(*célula*)** → converte um número decimal em octal.
- **DECAHEX(*célula*)** → converte um número decimal em hexadecimal.
- **DECABIN(*célula*)** → converte um número decimal em binário.
- **DECABIN(*célula* ; *NUM*)** → igual à anterior, mas com a opção de fixar o número de dígitos.

Para converter um número decimal em hexadecimal, podemos utilizar a função **DECAHEX**. O Exemplo 4.27 mostra como utilizar esta função numa planilha.

Da mesma forma, a função que pode ser utilizada para a conversão de decimal para binário é a **DECABIN**. Caso você queira fixar o número de dígitos em binário, também utilizamos essa mesma função. Podem ser fixados até 10 dígitos, podendo trabalhar com números entre -512 e +511. No Exemplo 4.27, na célula *E3*, o comando utilizado foi: **=DECABIN(A3;8)**, em que o número 8 é o número de dígitos fixado.

Exemplo 4.27 — DECAHEX e DECABIN. Utilizando um software de planilha (Excel, BrOffice), converta os seguintes números decimais em Hexa e em Binário: 15, 27, 34, 65, 78, 104, 201 e 252.

C3 =DECAHEX(A3)

	A	B	C	D	E
1	Decimal		Hexadecimal	Binário	Binário
2	15		F	1111	00001111
3	27		1B	11011	00011011
4	34		22	100010	00100010
5	65		41	1000001	01000001
6	78		4E	1001110	01001110
7	104		68	1101000	01101000
8	201		C9	11001001	11001001
9	252		FC	11111100	11111100

Na coluna *A* são digitados os números, em decimal, que serão convertidos em outras bases.
Na coluna *C* é escrita a função de conversão em hexadecimal.
Nas colunas *D* e *E* são escritas as funções de conversão em binário e em binário com número fixo de dígitos.
Note o comando da célula selecionada, *C3*: **=DECAHEX(A3)**.
Já na célula *D3*, o comando utilizado é: **=DECABIN(A3)**. Na célula *E3*, que fixa o número de dígitos, o comando utilizado é: **=DECABIN(A3;8)**. ■

4.5.2 Hexa e Binário para Decimal

As funções utilizadas são:

- **OCTADEC(NUM)** → converte um número, de octal para decimal.
- **HEXADEC(NUM)** → converte um número, de hexadecimal para decimal.
- **BINADEC(NUM)** → converte um número, de binário para decimal.

As conversões de Hexadecimal para decimal e de Binário para Decimal podem ser vistas no Exemplo 4.28.

Exemplo 4.28 — HEXADEC e BINDECA. Utilizando um software de planilha, converta os seguintes números:

a) Os números: 0x7F, 0x2A, 0x3D, 0x54, 0x80, 0x8F0, 0x134 e 0x2020 em decimal.

b) Os números: 0b1010, 0b110010, 0b11001100, 0b110101, 0b1001111, 0b110001111, 0b100101010, 0b111111011 em decimal.

B3 =HEXADEC(A3)

	A	B	C	D	E
1	Hexadecimal	Decimal		Binário	Decimal
2	7F	127		1010	10
3	2A	42		110010	50
4	3D	61		11001100	204
5	54	84		110101	53
6	80	128		1001111	79
7	8F0	2288		110001111	399
8	134	308		100101010	298
9	2020	8224		111111011	507

Os números, em hexa, estão escritos na coluna *A*. Suas conversões em decimal estão mostradas na coluna *B*, utilizando o comando **=HEXADEC**. Os números, em binário, estão escritos na coluna *D*. Suas conversões em decimal estão mostrados na coluna *E*, utilizando o comando **=BINADEC**. ■

4.6. Outras funções de conversão

PARA as demais conversões entre bases, podemos utilizar diversas funções. Para o Excel as demais funções de conversão podem ser vistas a seguir.

- **OCTABIN** **OCTADEC** **OCTAHEX**
- **HEXABIN** **HEXAOCT** **BINAHEX**
- **BINAOCT**

As funções descritas acima fazem conversões de octal para binário, octal para decimal, octal para hexadecimal, hexadecimal para binário, hexadecimal para octal, binário para hexadecimal e de binário para octal, respectivamente.

4.7. Problemas

Problema 4.1 — Arduino. Escreva o código a seguir, explicando o que ocorre em.

```
void setup() {
  Serial.begin(9600);
  unsigned x;
  unsigned y;
  unsigned z;
  x = 1000;
  y = 0x200;
  z = 0b10101;
  Serial.print("x = ");
  Serial.println(x, BIN);
  Serial.print("y = ");
  Serial.println(y, BIN);
  Serial.print("z = ");
  Serial.println(z, BIN);
}

void loop() {

}
```

Problema 4.2 — Arduino. Desenvolva *sketches* que imprimam na porta serial os valores do algoritmo da questão anterior em hexadecimal.

Problema 4.3 — Hexa-Bin. Converta os seguintes números hexadecimais em binários.

a) 0xAF b) 0x10 c) 0x45E
d) 0xEF e) 0x1234 f) 0x126

Problema 4.4 — Hexa-Dec. Converta os seguintes números hexadecimais em decimais.

a) 0xFA b) 0x104 c) 0x44D
d) 0xDD e) 0x1122 f) 0x118

Problema 4.5 — Dec-Bin. Converta os números a seguir para a base binária.

a) 11 b) 54 c) 78 d) 15 e) 257
f) 55 g) 45 h) 65 i) 25 j) 2000

Problema 4.6 — Hexa-Dec. Converta os números para a base decimal.

a) 0xA b) 0x12E c) 0x15 d) 0xAFE1 e) 0x3B

Problema 4.7 — Dec-Hexa. Converta os números para a base hexadecimal.

a) 11	b) 54	c) 78	d) 15	e) 257
f) 55	g) 45	h) 65	i) 25	j) 2000

5 Codificação digital

NESTE capítulo veremos os principais códigos binários utilizados em projetos de eletrônica digital. São eles: código BCD, Gray e ASCII. Entretanto, antes de mostrarmos esses códigos, é importante diferenciarmos *bit*, *nibble*, *byte* e *word*.

5.1. O bit

A palavra *bit* é uma sigla que significa ***bin**ary **digit*** (em português: dígito binário). Trata-se da menor unidade de informação que pode ser armazenada ou transmitida. Um bit pode assumir apenas um dos valores lógicos: 0 ou 1. O valor 0 costuma significar desligado e o valor 1, ligado. Podemos também considerar o valor lógico 0 como *false* ou *OFF*, ao passo que o valor lógico 1 pode ser considerado como *true* ou *ON*.

É importante ressaltar que um bit jamais terá um valor vazio; sempre estará preenchido com o valor 0 ou com o valor 1. A Figura 5.1 mostra um bit com o valor lógico 0.

0

Figura 5.1: Bit com valor lógico 0.

A Figura 5.2 mostra um bit com o valor lógico 1.

1

Figura 5.2: Bit com valor lógico 1.

5.2. Nibble

O *nibble* consiste num conjunto de 4 bits, como aqueles mostrados na Tabela 4.1. Geralmente são usados nas conversões entre binário e hexadecimal, ou também para o código BCD, que será visto na Seção 5.5.

5.3. Byte

O *byte* é um conjunto de 8 bits. Dessa forma, combina-se 256 possibilidades de valores. No caso das variáveis de 8 bits sem sinal, podem assumir os valores entre 0 e 255; no caso de variáveis com sinal, podem assumir valores entre -128 a 127. A Figura 5.3 apresenta dois bytes, preenchidos com os valores 00_H e FF_H.

0	0	0	0	0	0	0	0

1	1	1	1	1	1	1	1

Figura 5.3: Bytes com valores 0x00 e 0xFF.

O byte também pode ser utilizado para representar código **gray** e código **ASCII**.

5.4. Word

WORD é um conjunto de 16 bits, ou 2 bytes. Uma variável de 16 bits pode assumir valores de 0 a 65535 ou de -32768 a 32767, caso seja, respectivamente, sem sinal ou com sinal.

No Arduino, as variáveis mais usadas são as de 16 bits por causa da faixa de valores que podem assumir. O estudo das variáveis será realizado no Capítulo 8.

5.5. O código BCD

O *Binary-Coded Decimal* (BCD) é uma forma de representar um número de uma forma inteligível para o ser humano. Este código é utilizado em displays de sete segmentos, relógios de tempo real (RTC), etc. Apenas os dígitos de 0 a 9 são aceitáveis neste código, o qual necessita de 4 bits (1 *nibble*) para representar cada dígito de um número decimal, como mostrado na Tabela 5.1.

BCD				Decimal
0	0	0	0	0
0	0	0	1	1
0	0	1	0	2
0	0	1	1	3
0	1	0	0	4
0	1	0	1	5
0	1	1	0	6
0	1	1	1	7
1	0	0	0	8
1	0	0	1	9

Tabela 5.1: Tabela de valores em BCD.

A Tabela 5.1 mostra o código BCD, necessitando-se de apenas 4 bits (1 *nibble*) para codificar os dígitos de 0 a 9. A inserção de um dígito no número decimal implica a inserção de mais 4 bits.

Se o código BCD necessita de 1 *nibble* para a codificação de um dígito, então em 1 byte podem ser armazenados dois dígitos do código BCD. Um dispositivo que utiliza 1 byte para armazenar dois dígitos (dezena e unidade) é o Relógio de Tempo Real-RTC (*Real Time Clock*). O RTC 1307 pode ser visto na Figura 5.4.

Figura 5.4: Placa RTC 1307.

Alguns dos registradores do RTC 1307 podem ser vistos na Tabela 5.2. Nesta tabela, as informações de alguns dos registradores são separadas em *nibbles*. Por exemplo, no registrador com endereço 00h, os bits 0, 1, 2 e 3 representam o *nibble* da unidade do segundo, cujos valores armazenados podem estar na faixa de valores de 0 a 9 (em decimal), ou seja, de 0b0000 a 0b1001. Já os bits 4, 5 e 6 representam a dezena dos segundos, e podem armazenar valores de 0 a 5 (decimal), ou seja, de 0b0000 a 0b0101. Logo, o bit 7 é sempre zero. No RTC, os segundos são representados em BCD com 2 *nibbles*, de 00 a 59.

ADDRESS	BIT 7	BIT 6	BIT 5	BIT 4	BIT 3	BIT 2	BIT 1	BIT 0	FUNCTION	RANGE
00h	CH	10 Seconds			Seconds				Seconds	00–59
01h	0	10 Minutes			Minutes				Minutes	00–59
02h	0	12 24	10 Hour PM/ AM	10 Hour	Hours				Hours	1–12 +AM/PM 00–23
03h	0	0	0	0	0	DAY			Day	01–07
04h	0	0	10 Date		Date				Date	01–31
05h	0	0	0	10 Month	Month				Month	01–12
06h	10 Year				Year				Year	00–99
07h	OUT	0	0	SQWE	0	0	RS1	RS0	Control	—
08h–3Fh									RAM 56 x 8	00h–FFh

0 = Always reads back as 0.

Tabela 5.2: Registradores do RTC.

Vejamos alguns exemplos:

Exemplo 5.1 — Codificação em BCD. Codifique o número 15, em BCD.

O número 15 é representado pela combinação de 2 *nibbles*: do decimal 1 (0001_{BCD}) e do decimal 5 (0101_{BCD}), ou seja:

$15 = 00010101_{BCD}$. ■

Exemplo 5.2 — Codificação em BCD. Codifique o número 154, em BCD.

Neste caso, usaremos 3 *nibbles*, que correspondem a 3 dígitos. A resposta será:

<table><tr><td>0</td><td>0</td><td>0</td><td>1</td><td>0</td><td>1</td><td>0</td><td>1</td><td>0</td><td>1</td><td>0</td><td>0</td></tr></table>

■

Exemplo 5.3 — Codificação em BCD. Codificando o número 1024, em BCD.

Neste exemplo serão usados 4 *nibbles*.

Resposta: $0001.0000.0010.0100_{BCD}$ ■

Exemplo 5.4 — Codificação em BCD. Codifique o número 0x10, em BCD.

O código BCD codifica números em decimais. Neste caso, teremos que saber o valor em decimal para posteriormente o codificarmos em BCD.

Número 0x10, em decimal: 16

O número 16 precisará de 2 nibbles, logo:

Resposta: 00010110_{BCD} ■

Exemplo 5.5 — Codificação em BCD. Escreva o número 584, em código BCD.
Utilizando a Tabela 5.1:

5 - 0101_{BCD}, ou | 0 | 1 | 0 | 1 |

8 - 1000_{BCD}, ou | 1 | 0 | 0 | 0 |

4 - 0100_{BCD}, ou | 0 | 1 | 0 | 0 |

Logo: $584(decimal) = 010110000100_{BCD}$. ■

5.6. Gray

Código Gray (ou código de Gray) é um sistema de código inventado por Frank Gray, com o intuito de haver a mudança de apenas um bit a cada incremento de valor. Dessa forma, qualquer mudança incremental gera a mudança de apenas um único bit, reduzindo a probabilidade de um circuito digital interpretar mal uma entrada que esteja sendo modificada. O código de Gray é mostrado na Tabela 5.3.

Decimal	Binário	Código Gray
0	0000	0000
1	0001	0001
2	0010	0011
3	0011	0010
4	0100	0110
5	0101	0111
6	0110	0101
7	0111	0100
8	1000	1100
9	1001	1101
10	1010	1111
11	1011	1110
12	1100	1010
13	1101	1011
14	1110	1001
15	1111	1000

Tabela 5.3: Código Gray.

Este código foi projetado para reduzir ruídos gerados pelas válvulas termoiônicas (que necessitavam de muita potência, gerando significativos níveis de ruído em chaveamentos). Atualmente, o código Gray ainda é utilizado, por exemplo, em *encoders*, para a medição de posição e velocidade de motores.

5.7. ASCII

O **Código Padrão Americano para Troca de Informações** (ASCII, do inglês *American Standard Code for Information Interchange*) é um código de 7 bits (mas acabamos usando 8) para representar caracteres. É um tipo de código alfanumérico, que representa 26 letras maiúsculas, 26 letras minúsculas, 10 dígitos numéricos, 7 sinais de pontuação e outros caracteres. O código ASCII é mostrado na Tabela 5.4.

Dec	Bin	Hex	Char	Dec	Bin	Hex	Char	Dec	Bin	Hex	Char	Dec	Bin	Hex	Char
0	0000 0000	00	[NUL]	32	0010 0000	20	space	64	0100 0000	40	@	96	0110 0000	60	`
1	0000 0001	01	[SOH]	33	0010 0001	21	!	65	0100 0001	41	A	97	0110 0001	61	a
2	0000 0010	02	[STX]	34	0010 0010	22	"	66	0100 0010	42	B	98	0110 0010	62	b
3	0000 0011	03	[ETX]	35	0010 0011	23	#	67	0100 0011	43	C	99	0110 0011	63	c
4	0000 0100	04	[EOT]	36	0010 0100	24	$	68	0100 0100	44	D	100	0110 0100	64	d
5	0000 0101	05	[ENQ]	37	0010 0101	25	%	69	0100 0101	45	E	101	0110 0101	65	e
6	0000 0110	06	[ACK]	38	0010 0110	26	&	70	0100 0110	46	F	102	0110 0110	66	f
7	0000 0111	07	[BEL]	39	0010 0111	27	'	71	0100 0111	47	G	103	0110 0111	67	g
8	0000 1000	08	[BS]	40	0010 1000	28	(	72	0100 1000	48	H	104	0110 1000	68	h
9	0000 1001	09	[TAB]	41	0010 1001	29	)	73	0100 1001	49	I	105	0110 1001	69	i
10	0000 1010	0A	[LF]	42	0010 1010	2A	*	74	0100 1010	4A	J	106	0110 1010	6A	j
11	0000 1011	0B	[VT]	43	0010 1011	2B	+	75	0100 1011	4B	K	107	0110 1011	6B	k
12	0000 1100	0C	[FF]	44	0010 1100	2C	,	76	0100 1100	4C	L	108	0110 1100	6C	l
13	0000 1101	0D	[CR]	45	0010 1101	2D	-	77	0100 1101	4D	M	109	0110 1101	6D	m
14	0000 1110	0E	[SO]	46	0010 1110	2E	.	78	0100 1110	4E	N	110	0110 1110	6E	n
15	0000 1111	0F	[SI]	47	0010 1111	2F	/	79	0100 1111	4F	O	111	0110 1111	6F	o
16	0001 0000	10	[DLE]	48	0011 0000	30	0	80	0101 0000	50	P	112	0111 0000	70	p
17	0001 0001	11	[DC1]	49	0011 0001	31	1	81	0101 0001	51	Q	113	0111 0001	71	q
18	0001 0010	12	[DC2]	50	0011 0010	32	2	82	0101 0010	52	R	114	0111 0010	72	r
19	0001 0011	13	[DC3]	51	0011 0011	33	3	83	0101 0011	53	S	115	0111 0011	73	s
20	0001 0100	14	[DC4]	52	0011 0100	34	4	84	0101 0100	54	T	116	0111 0100	74	t
21	0001 0101	15	[NAK]	53	0011 0101	35	5	85	0101 0101	55	U	117	0111 0101	75	u
22	0001 0110	16	[SYN]	54	0011 0110	36	6	86	0101 0110	56	V	118	0111 0110	76	v
23	0001 0111	17	[ETB]	55	0011 0111	37	7	87	0101 0111	57	W	119	0111 0111	77	w
24	0001 1000	18	[CAN]	56	0011 1000	38	8	88	0101 1000	58	X	120	0111 1000	78	x
25	0001 1001	19	[EM]	57	0011 1001	39	9	89	0101 1001	59	Y	121	0111 1001	79	y
26	0001 1010	1A	[SUB]	58	0011 1010	3A	:	90	0101 1010	5A	Z	122	0111 1010	7A	z
27	0001 1011	1B	[ESC]	59	0011 1011	3B	;	91	0101 1011	5B	[	123	0111 1011	7B	{
28	0001 1100	1C	[FS]	60	0011 1100	3C	<	92	0101 1100	5C	\	124	0111 1100	7C	|
29	0001 1101	1D	[GS]	61	0011 1101	3D	=	93	0101 1101	5D	]	125	0111 1101	7D	}
30	0001 1110	1E	[RS]	62	0011 1110	3E	>	94	0101 1110	5E	^	126	0111 1110	7E	~
31	0001 1111	1F	[US]	63	0011 1111	3F	?	95	0101 1111	5F	_	127	0111 1111	7F	[DEL]

Tabela 5.4: Tabela ASCII.

O Exemplo 5.6 mostra uma aplicação típica do código ASCII: armazena texto ou vetor de caracteres, em que cada caractere é representado por um byte.

Exemplo 5.6 — Código ASCII. Quantos são os bytes e quais são os valores que representam a palavra *Arduino*?
A palavra contém 7 caracteres, logo serão necessários 7 bytes.
Os valores utilizados são mostrados:

Caractere	A	r	d	u	i	n	o
Valor ASCII	0x41	0x72	0x64	0x75	0x69	0x6E	0x6F

■

No Exemplo 5.7 vemos a conversão de um número inteiro em ASCII.

Exemplo 5.7 — Inteiro para ASCII. A conversão do número 25 em ASCII.
O número 25 é armazenado em um byte, em binário, como: | 0001 | 1001 |, em ASCII:
Embora o número 25 precise de apenas 1 byte para a representação do número 25, quando convertido em ASCII, necessita-se de 2 bytes, um para a representação do número 2 (caractere $0x32$) e outro para o número 5 ($0x35$)
O número 25 utilizará, portanto, 2 bytes, com os valores em binário:
| 0011 | 0010 | | 0011 | 0101 | ■

No Exemplo 5.8 vemos a conversão de um número inteiro em ASCII.

Exemplo 5.8 — BCD para ASCII. A conversão do número 25_{BCD} em ASCII.
O número 25 é armazenado em um byte, em BCD: | 0010 | 0101 |
- o caractere 2 (0010) é representado pelo símbolo ASCII: 0x32
- o caractere 5 (0101) é representado pelo símbolo ASCII: 0x35
O Número 25 será utilizado 2 bytes, com os valores em binário:
| 0011 | 0010 | | 0011 | 0101 | ■

Ao compararmos o Exemplo 5.7 com o Exemplo 5.8, notamos que o número 25 foi representado em três bases: binária, BCD e em ASCII. Os dois exemplos chegam ao mesmo resultado, mas partindo de valores diferentes, em bases diferentes.

5.8. Problemas

Problema 5.1 — Decimal para ASCII. Converta os seguintes números decimais para caracteres em ASCII, como no Exemplo 5.6.

a) 127 b) 200 c) 1000 d) 2048
e) 500 f) 204 g) 2049 h) 20000

Problema 5.2 — Decimal para BCD. Converta os seguintes números decimais em BCD, mostrando quantos bits são necessários para representá-los.

a) 127 b) 200 c) 1000 d) 2048

e) 500 f) 204 g) 2049 h) 20000

Problema 5.3 — Binário para Código Gray. Converta os seguintes números binários em código Gray.

a) 0b11 b) 0b101 c) 0b1000 d) 0b1010 e) 0b100

Problema 5.4 — Decimal para BCD. Codifique os seguintes números em BCD, mostrando quantos bits são necessários para representá-los.

a) 19 b) 25 c) 170649 d) 199 e) 2000

Problema 5.5 — Hexadecimal para BCD. Codifique os seguintes números em BCD.

a) 0x18 b) 0x25 c) 0x6F d) 0xA0 e) 0x1F

Problema 5.6 — ASCII. Quantos bytes e quais são os valores que devem ser inseridos nesses bytes para que representem as seguintes palavras?

a) ASCII b) Inteiro c) Byte

d) Ponto flutuante e) Amo Arduino

6 Circuitos lógicos

Em Lógica, existem apenas duas condições possíveis para qualquer entrada ou saída: verdadeira ou falsa. Neste capítulo vamos estudar algumas noções básicas sobre álgebra booleana. Ela estuda as relações entre valores lógicos, os quais podemos entendê-los, tanto como verdadeiro ou falso, ligado ou desligado, 1 ou 0, *HIGH* ou *LOW*, *on* ou *off*, *true* ou *false*.

6.1. Conceitos fundamentais

Vejamos alguns conceitos de Lógica. A Figura 6.1 mostra um espaço amostral em que há apenas os elementos de A e os elementos fora de A (que representamos por $\overline{A}$). Se $A = 1$, então $\overline{A} = 0$, da mesma forma, se $A = 0$, então $\overline{A} = 1$. Diz-se, então, que $\overline{A}$ é o **complemento** de A.

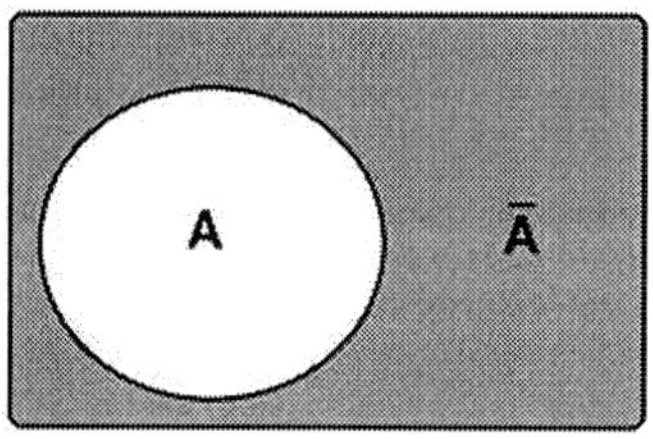

Figura 6.1: Lógica booleana.

Para o universo booleano, só há duas possibilidades: 0 ou 1. Vejamos, então, algumas expressões lógicas. O Teorema 4 mostra as operações entre uma variável e o seu complemento.

Teorema 4 — Operações entre valores e seus complementos. Sejam as expressões:

$A + \overline{A} = 1$

$A \cdot \overline{A} = 0$

Teorema 5 — OR. As operações lógicas OR são mostradas a seguir.

$0+0=0$
$1+0=1$
$1+1=1$

Teorema 6 — AND. As operações lógicas AND são mostradas a seguir.

$0 \cdot 0=0$
$1 \cdot 0=0$
$1 \cdot 1=1$

A partir dos Teoremas 5 e 6, podemos realizar operações com uma variável X, vistas no Teorema 7.

Teorema 7 — Operações com incógnicas. As expressões AND e OR com uma variável X são mostradas a seguir.

$X+1=1$
$X+0=X$
$X \cdot 0=0$
$X \cdot 1=X$

A operação distributiva também pode ser observada, como visto no Teorema 8.

Teorema 8 — Distributiva. Pode-se aplicar a operação distributiva.

$X \cdot (A+B)=X \cdot A+X \cdot B$

Existem, ainda, muitos outros teoremas, mas vamos finalizá-los com o Teorema 9.

Teorema 9 — Teorema de De Morgan. Sejam as seguintes expressões:

$\overline{A \cdot B}=\overline{A}+\overline{B}$
$\overline{A+B}=\overline{A} \cdot \overline{B}$

6.2. Tabela-verdade

Uma **tabela-verdade** é uma técnica para descrever o comportamento da saída em função das entradas de um circuito lógico combinacional. Para a criação da tabela-verdade, todas as combinações possíveis dos valores lógicos de entrada devem ser testados, ou seja, se existem n entradas, deverão existir 2^n combinações. A Tabela 6.1 mostra uma tabela-verdade para um circuito lógico de duas entradas, **A** e **B** e a saída **R**.

	A	B	R
linha 1	0	0	0
linha 2	0	1	1
linha 3	1	0	0
linha 4	1	1	1

Tabela 6.1: Exemplo de Tabela-verdade.

A partir da tabela-verdade podemos obter uma expressão que represente a saída do circuito. Para isso, é necessário descrever as expressões de todas as saídas com o valor lógico Alto (*High*).

Continuaremos o assunto Tabela-verdade na próxima seção.

Exemplo 6.1 — Tabela-verdade da Tabela 6.1. Vejamos as linhas em que a saída seja 1.
Linha 2: $R_2 = \bar{A} \cdot B$
Linha 4: $R_4 = A \cdot B$
A expressão final será dada pela soma de todas as expressões cujas saídas estejam em nível lógico Alto, dada por:

$R = R_2 + R_4 = \overline{A} \cdot B + A \cdot B$

A expressão encontrada ainda não é a expressão reduzida. Isso significa que a expressão encontrada pode ser simplificada. Esta simplificação pode ser vista na Seção 6.5. ■

O Exemplo 6.2 mostra a Tabela-Verdade da expressão lógica abaixo. Como já dito, a função do Mapa de Karnaugh é reduzir a complexidade do circuito, ou seja, reduzir sua expressão final. Para isso, vejamos a Tabela-verdade desse exemplo.

Exemplo 6.2 — Tabela-verdade. Obter a tabela-verdade da expressão lógica a seguir.

$S = \overline{A} \cdot (A + B) + \overline{(C \cdot D)} \cdot \overline{D}$

A expressão lógica pode ser simplicada por meio dos teoremas desse capítulo.

$S = \overline{A} \cdot B + \overline{D} \cdot \left(\overline{C} + \overline{D}\right)$

$S = \overline{A} \cdot B + \overline{C} + \overline{D}$

A tabela-verdade é mostrada a seguir.

A	B	C	D	S
0	0	0	0	1
0	0	0	1	1
0	0	1	0	1
0	0	1	1	0
0	1	0	0	1
0	1	0	1	1
0	1	1	0	1
0	1	1	1	1
1	0	0	0	1
1	0	0	1	1
1	0	1	0	1
1	0	1	1	0
1	1	0	0	1
1	1	0	1	1
1	1	1	0	1
1	1	1	1	0

6.3. Portas lógicas

As portas lógicas podem ser entendidas como circuitos lógicos que produzem uma saída condicionada aos valores de entrada. São circuitos facilmente obtidos por diodos e/ou transistores. No entanto, em circuitos digitais, são preferencialmente utilizados circuitos integrados. A série 7400 trata de uma lista de circuitos integrados dotados de portas lógicas.

As portas lógicas básicas são apresentadas a seguir. São elas, **NOT**, **AND**, **OR**, **NAND** e **NOR**.

6.3.1 Porta NOT

A porta NOT é a porta lógica mais básica, uma vez que possui apenas uma entrada e uma saída.

Para entender a porta NOT, considere o circuito elétrico da Figura 6.2, cuja chave *A* seja normalmente fechada (NF), ou seja, com o valor lógico 0, tem-se o circuito ligado. Ao acionar a chave *A* (valor lógico 1), desliga-se a saída *R*, como mostrado na Tabela 6.2.

A Figura 6.3 mostra o símbolo de uma porta NOT.

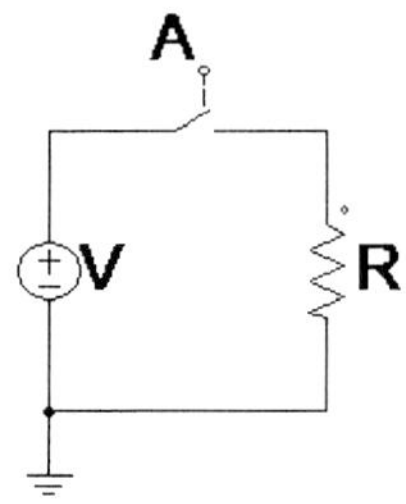

Figura 6.2: Circuito elétrico NOT.

A	R
0	1
1	0

Tabela 6.2: Tabela-verdade da porta NOT.

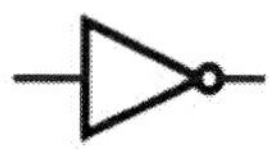

Figura 6.3: Porta lógica NOT.

A operação lógica de uma porta lógica NOT é dada pela Equação 6.1:

$$R = \overline{A} \tag{6.1}$$

6.3.2 Porta AND

A porta AND possui pelo menos duas entradas e uma saída.

Para compreender a porta AND, considere o circuito elétrico da Figura 6.4, em que as chaves A e B são normalmente abertas. Para acionar a saída R, deve-se acionar a chave A e a chave B.

Qualquer outra combinação de valores das chaves desligará a saída R. A Tabela 6.3 mostra a tabela-verdade da porta AND.

A operação lógica AND é mostrada na Equação 6.2.

$$S = A \cdot B \tag{6.2}$$

A Figura 6.5 mostra o símbolo de uma porta AND.

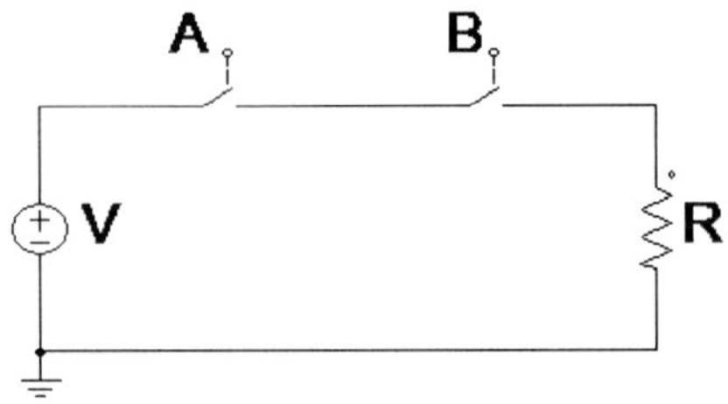

Figura 6.4: Circuito lógico AND.

A	B	R
0	0	0
0	1	0
1	0	0
1	1	1

Tabela 6.3: Tabela-verdade da porta AND.

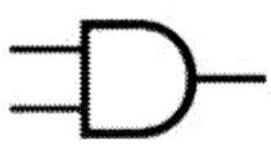

Figura 6.5: Porta lógica AND.

6.3.3 Porta NAND

A porta NAND possui pelo menos duas entradas e uma saída. Esta porta pode ser combinada como uma porta AND em série com uma porta NOT. O símbolo de uma porta NAND é mostrado na Figura 6.6.

Figura 6.6: Porta lógica NAND.

A operação lógica NAND é dada pela Equação 6.3.

$$S = \overline{A \cdot B} \tag{6.3}$$

A tabela-verdade da porta NAND é dada pela Tabela 6.4.

A	B	R
0	0	1
0	1	1
1	0	1
1	1	0

Tabela 6.4: Tabela-verdade da porta NAND.

6.3.4 Porta OR

A porta OR possui pelo menos duas entradas e uma saída. Para compreender a porta OR, considere o circuito elétrico da Figura 6.7, em que as chaves A e B são normalmente abertas. Logo, para ligar a saída R, deve-se acionar a chave A ou a chave B. A única forma de desligar a saída R ocorre quando A e B estiverem desligadas. A Tabela 6.5 mostra a tabela-verdade da porta OR.

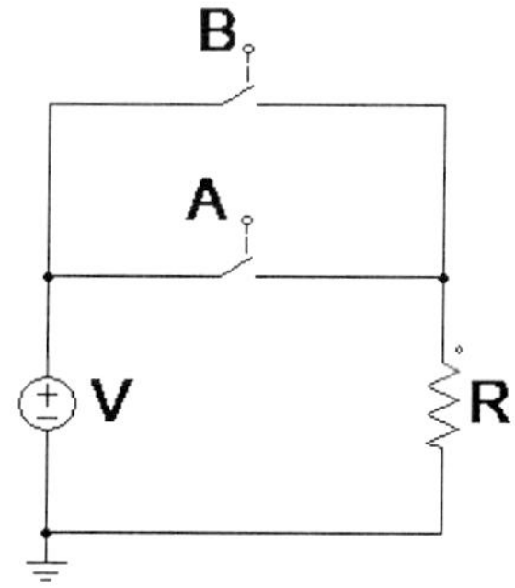

Figura 6.7: Circuito lógico OR.

A	B	R
0	0	0
0	1	1
1	0	1
1	1	1

Tabela 6.5: Tabela-verdade da porta OR.

A operação lógica OR é dada pela Equação 6.4.

$$S = A + B \tag{6.4}$$

A Figura 6.8 mostra o símbolo de uma porta OR.

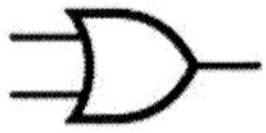

Figura 6.8: Porta lógica OR.

6.3.5 Porta NOR

A porta NOR possui pelo menos duas entradas e uma saída. Esta porta pode ser combinada como uma porta OR em série com uma porta NOT. O símbolo NOR é mostrado na Figura 6.9.

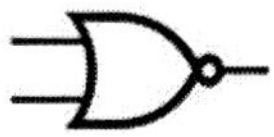

Figura 6.9: Porta lógica NOR.

A operação lógica NOR é dada pela Equação 6.5.

$$S = \overline{A + B} \tag{6.5}$$

A tabela-verdade da porta NOR é mostrada na Tabela 6.6.

A	B	R
0	0	1
0	1	0
1	0	0
1	1	0

Tabela 6.6: Tabela-verdade da porta NOR.

6.4. Álgebra booleana

ÁLGEBRA booleana é uma forma aritmética de representar circuitos lógicos. A partir de algumas propriedades da álgebra booleana, é possível simplicar as expressões lógicas, o que também é válido para a simplificação de circuitos lógicos.

O Exemplo 6.3 mostra um circuito simples com duas portas lógicas.

Exemplo 6.3 — Álgebra booleana. Determine a expressão booleana do circuito lógico.

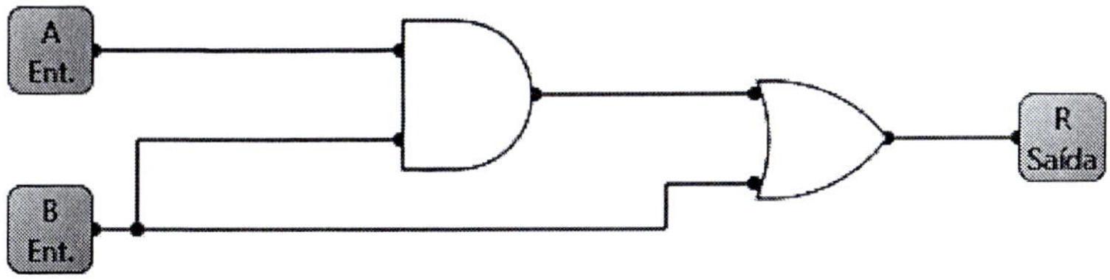

O circuito acima pode ser expresso por:
$R = A \cdot B + B$ ■

O Exemplo 6.4 mostra um circuito simples com três portas lógicas.

Exemplo 6.4 — Álgebra booleana. Determine a expressão booleana do circuito lógico.

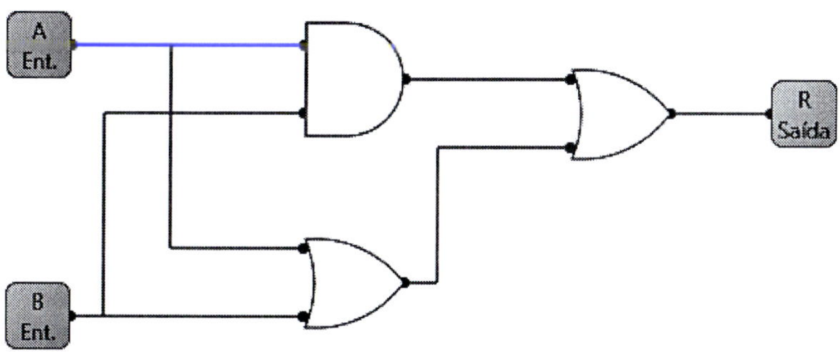

O circuito acima pode ser expresso por:
$R = A \cdot B + (A + B)$
A expressão final será:

$$R = A \cdot B + A + B$$ ■

O Exemplo 6.5 mostra como obter o circuito lógico obtido a partir do Exemplo 6.2.

Exemplo 6.5 — Álgebra booleana. Determine a expressão booleana do circuito lógico.

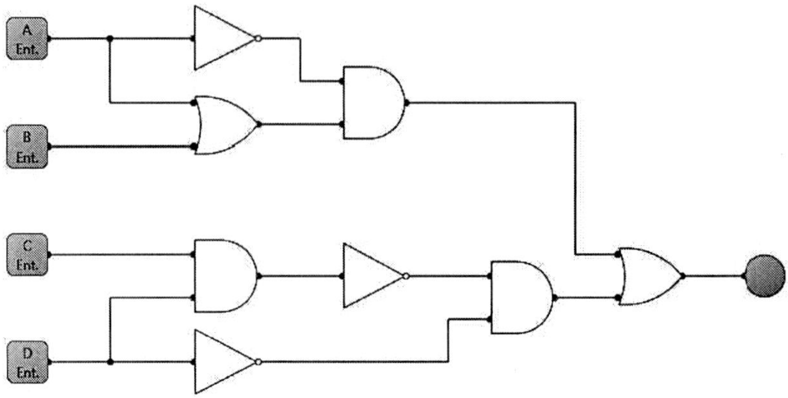

A expressão lógica do circuito pode ser dada por:
$S = \overline{A} \cdot (A + B) + \overline{(C \cdot D)} \cdot \overline{D}$ ■

6.5. Mapa de Karnaugh

O mapa de **Karnaugh** é uma forma de reescrever a tabela-verdade. Através do mapa de Karnaugh, pode-se obter uma simplificação do circuito de saída, ou seja, pode-se obter circuitos mais simples do que o original observando algumas propriedades do mapa de Karnaugh.

O mapa de Karnaugh permite a associação de 8, 4 ou 2 células preenchidas com 1 (valores lógicos *true*) no mapa, desde que formem quadrados ou retângulos, como veremos nos exemplos a seguir. Essas células preenchidas com 1 devem ser vizinhas, na vertical ou na horizontal, não sendo consideradas células vizinhas aquelas que estejam na diagonal.

Trata-se de uma matriz em que suas células são preenchidas com 1 ou 0. A sequência de cada linha ou coluna obedece uma sequência do código Gray no que diz respeito às variáveis, ou seja: 00, 01, 11 e 10. Portanto, um mapa contendo quatro variáveis deve ser colocado na sequência $\overline{AB}$, $\overline{A}B$, AB e $A\overline{B}$ disposto em linhas e $\overline{CD}$, $\overline{C}D$, CD e $C\overline{D}$ disposto em colunas.

O Mapa de Karnaugh pode parecer um pouco complexo, a princípio. Em razão disso, após a apresentação teórica do mapa de Karnaugh, apresentaremos, ainda nesta seção, alguns aplicativos que podem ser instalados, tando em *desktops* quanto em *smartphones*.

No Exemplo 6.6 temos o Mapa de Karnaugh para 2 entradas.

Exemplo 6.6 — 2 entradas. Expressão simplificada por meio do mapa de Karnaugh.

	$\bar{B}$	B
$\bar{A}$	0	0
A	1	1

Observando o mapa de Karnaugh, o retângulo em destaque está contido nas colunas $\bar{B}$ e B. A saída não é influenciada, portanto, pela entrada **B**. O retângulo, todavia, está contido apenas na linha A.
Logo, a expressão da saída é dada por:

$S = A$ ■

No Exemplo 6.7 temos o Mapa de Karnaugh para 3 entradas.

Exemplo 6.7 — 3 entradas. Seja o Mapa de Karnaugh para 3 entradas, **A**, **B** e **C**. Temos:

	$\bar{B}\bar{C}$	$\bar{B}C$	BC	$B\bar{C}$
$\bar{A}$	0	1	1	0
A	0	1	0	0

Neste Mapa de Karnaugh tem dois retângulos sobrepostos. O primeiro é formado pela linha $\bar{A}$ e colunas $\bar{B}C$ e BC. O segundo é formado pela coluna $\bar{B}C$ e colunas $\bar{A}$ e A. No primeiro retângulo, a variável **B** muda, logo é excluída, resultando na expressão $S_1 = \bar{A}C$. No segundo retângulo, há a mudança na variável **A**, resultando na expressão $S_2 = \bar{B}C$.

A expressão resultante é $S = \bar{A}C + \bar{B}C$ que também pode ser expressa por:

$S = C\left(\bar{A} + \bar{B}\right)$ ■

A seguir serão mostrados exemplos para 4 variáveis. O Exemplo 6.8 apresenta um quadrado e um retângulo. O Exemplo 6.9 mostra um retângulo com agrupamento de 8.

Exemplo 6.8 — 4 entradas. Seja o Mapa de Karnaugh para 4 entradas, **A**, **B**, **C** e **D**.

	$\bar{C}\bar{D}$	$\bar{C}D$	CD	$C\bar{D}$
$\bar{A}\bar{B}$	1	1	0	0
$\bar{A}B$	1	1	0	0
AB	0	0	1	1
$A\bar{B}$	0	0	0	0

Neste Mapa de Karnaugh há um quadrado e um retângulo.
O quadrado está contido nas linhas $\bar{A}\bar{B}$ e $\bar{A}B$, o que o deixa independente da entrada **B**. O quadrado está contido nas colunas $\bar{C}\bar{D}$ e $\bar{C}D$, mostrando, portanto, a independência da entrada **D**. Para o quadrado, as variáveis **B** e **D** não influenciam na expressão, que é dada por $S_1 = \bar{A} \cdot \bar{C}$.

Já para o retângulo, contido na linha AB e nas colunas CD e $C\bar{D}$, há independência da variável **D**, resultando na expressão $S_2 = A \cdot B \cdot C$.

A expressão final é dada por:

$$S = \bar{A} \cdot \bar{C} + A \cdot B \cdot C$$

■

Exemplo 6.9 — 4 entradas. Seja o Mapa de Karnaugh para 4 entradas, **A**, **B**, **C** e **D**.

	$\bar{C}\bar{D}$	$\bar{C}D$	CD	$C\bar{D}$
$\bar{A}\bar{B}$	0	0	0	0
$\bar{A}B$	1	1	1	1
AB	1	1	1	1
$A\bar{B}$	0	0	0	0

Pelo fato do retângulo estar contido em todas as colunas, constata-se que, as entradas **C** e **D** não influenciam a saída do circuito. Analisando as linhas, a entrada **A** também não influencia a saída do circuito. Concluímos, portanto, que a expressão do circuito é:

$$S = B.$$

■

O Exemplo 6.10 mostra um agrupamento de 4.

Exemplo 6.10 — 4 entradas. Seja o Mapa de Karnaugh para 4 entradas, **A**, **B**, **C** e **D**.

	$\bar{C}\bar{D}$	$\bar{C}D$	CD	$C\bar{D}$
$\bar{A}\bar{B}$	0	0	0	0
$\bar{A}B$	1	1	1	1
AB	0	0	0	0
$A\bar{B}$	0	0	0	0

O retângulo está contido em todas as colunas $\bar{C}\bar{D}$, $\bar{C}D$, CD, $C\bar{D}$, excluindo-se a dependência das entradas **C** e **D**. Quanto à linha $\bar{A}B$, por ser única, deixa clara a expressão final: $S = \bar{A}B$ ■

Exemplo 6.11 — 4 entradas. Seja o Mapa de Karnaugh para 4 entradas, A, B, C e D.

	$\bar{C}\bar{D}$	$\bar{C}D$	CD	$C\bar{D}$
$\bar{A}\bar{B}$	0	0	0	0
$\bar{A}B$	0	1	1	0
AB	0	1	1	0
$A\bar{B}$	0	0	0	0

No quadrado, as colunas $\bar{C}D$ e CD excluem a entrada **C**. Quanto às linhas, $\bar{A}B$ e AB eliminam a entrada **A**. Dessa forma, a expressão final é dada por: $S = B \cdot D$ ■

Exemplo 6.12 — 4 entradas. Seja o Mapa de Karnaugh para 4 entradas, A, B, C e D.

	$\bar{C}\bar{D}$	$\bar{C}D$	CD	$C\bar{D}$
$\bar{A}\bar{B}$	1	0	0	1
$\bar{A}B$	0	0	0	0
AB	0	0	0	0
$A\bar{B}$	1	0	0	1

Neste caso, há um quadrado *estendido*, formado pelas células $\bar{A}\bar{B}\bar{C}\bar{D}$, $A\bar{B}\bar{C}\bar{D}$, $\bar{A}\bar{B}C\bar{D}$ e $A\bar{B}C\bar{D}$. Logo, as entradas **A** e **C** são eliminadas, resultando na expressão $S = \bar{B}\bar{D}$ ■

Para circuitos com mais de 4 variáveis, o Mapa de Karnaugh não é recomendado para uma análise manual, sendo recomendados softwares, que serão mostrados ainda nesta seção.

O Exemplo 6.13 mostra o Mapa de Karnaugh do Exemplo 6.5.

Exemplo 6.13 — Mapa de Karnaugh. Criando o Mapa de Karnaugh do Exemplo 6.5.

	$\bar{C}\bar{D}$	$\bar{C}D$	CD	$C\bar{D}$
$\bar{A}\bar{B}$	1	1	0	1
$\bar{A}B$	1	1	1	1
AB	1	1	0	1
$A\bar{B}$	1	1	0	1

Neste exemplo temos dois agrupamentos de 8 (sobrepostos) e um de 4 (sobrepostos). ■

A seguir veremos um aplicativo prático que pode ser instalado num *smartphone*, gratuitamente. O aplicativo é o *Karnaugh Kmap Solver*. É visualmente interessante por desenhar os agrupamentos de saídas em *High*, podendo, também, abranger os casos de *don't care*, como mostrado na Figura 6.10. Note o *don't care* representado pela letra X. Neste caso é mais interessante que o valor de X seja *High*, pois o circuito é simplificado através do quadrado azul.

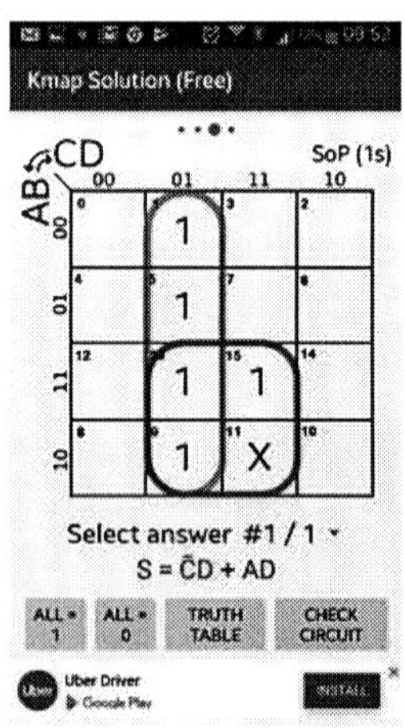

Figura 6.10: Tela do aplicativo.

A Figura 6.11 mostra o circuito mínimo do mapa de Karnaugh mostrado na

Figura 6.10.

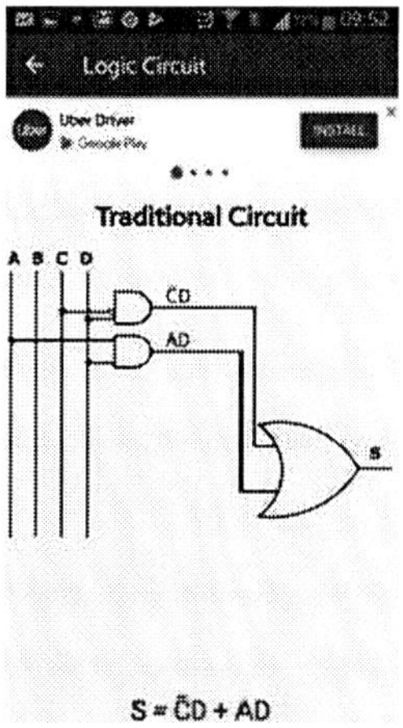

Figura 6.11: Circuito mínimo.

A Figura 6.12 mostra a tabela-verdade do circuito da Figura 6.11.

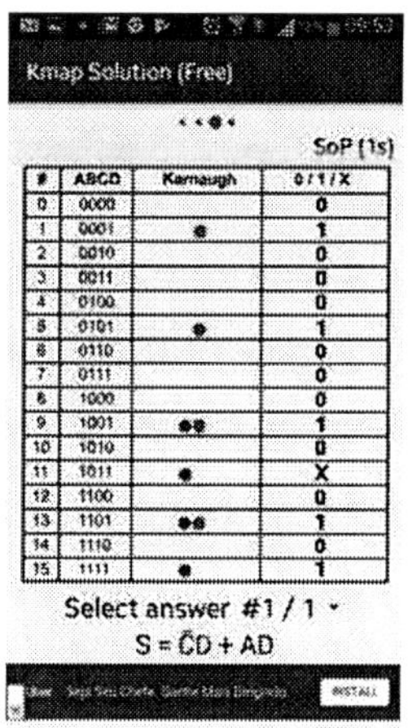

Figura 6.12: Tabela-verdade.

O aplicativo para *smartphone* é muito prático, fácil de manusear e gratuito.

6.6. Problemas

Problema 6.1 — CIs. Descreva os circuitos integrados:

a) 7400 b) 7402 c) 7404

d) 7408 e) 7432

Problema 6.2 — Portas lógicas. Escreva a tabela lógica das seguintes portas lógicas:

a) OR b) AND c) NOT

d) NOR e) NAND

Problema 6.3 — Simplificação de circuitos. Dado o circuito abaixo:

a) Encontre a expressão lógica.

b) Deixe a expressão na forma de soma de produtos.

c) Desenhe a tabela-verdade.

d) Simplifique o circuito por meio do mapa de Karnaugh.

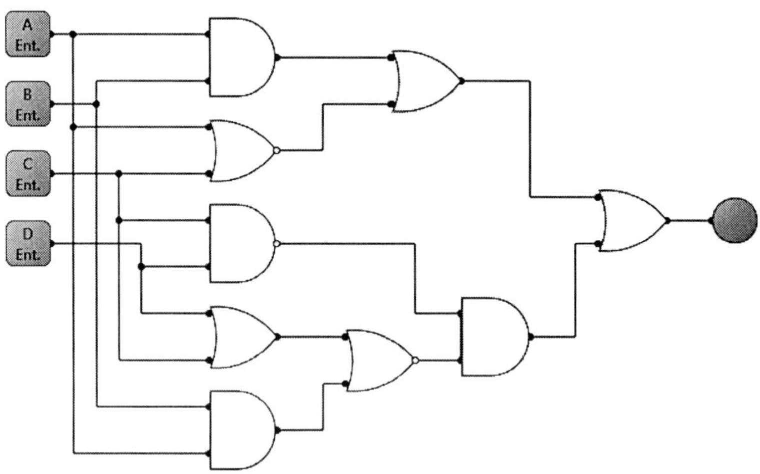

Problema 6.4 — Simplificação de circuitos. Utilize o Exemplo 6.13 para simplificação do circuito por meio do Mapa de Karnaugh.

Problema 6.5 — Simplificação de circuitos. Utilize os softwares apresentados para reduzir as expressões lógicas dos exemplos mostrados neste capítulo.

Problema 6.6 — Simplificação de circuitos. Esquematize a tabela-verdade dos seguintes circuitos lógicos.

a) XOR: $S = A \cdot \overline{B} + \overline{A} \cdot B$

b) XNOR: $S = A \cdot B + \overline{A} \cdot \overline{B}$

7 Filtros digitais

A finalidade dos filtros digitais é estimar um valor mais confiável diante de variações do sinal lido, mesmo quando a variável medida, a princípio, deveria ser constante, como por exemplo, medições de temperatura realizadas em curtos períodos de tempo.

Os filtros digitais não substituem os filtros analógicos; na verdade, estes devem estar inseridos no circuito sempre que possível, como é o caso do filtro analógico passa-baixas.

Os filtros digitais estudados neste livro são: Filtro Média Móvel (*Moving Average Filter*), FPB (Filtro Passa-Baixas) e o KF (Filtro de Kalman), vistos a seguir.

7.1. Filtro Média Móvel

O Filtro Média Móvel (*Moving Average Filter* - adotaremos aqui a sigla **AVG**) é um dos filtros mais simples de ser implementado. Trata-se da média aritmética de n medições. A cada nova medição, exclui-se o valor da medição mais antiga, recalculando-se a média das n medições.

A expressão que define a média móvel pode ser vista pela Equação 7.1, em que n é a dimensão do vetor e k é o índice da atual medição.

$$\overline{x_k} = \frac{x_{(k-n+1)} + x_{(k-n+2)} + \cdots + x_{(k)}}{n} \tag{7.1}$$

A visualização gráfica do Filtro Média Móvel, em t_{k-2}, é vista na Figura 7.1. O retângulo hachurado representa o filtro Média Móvel que, neste caso, possui dimensão 5, ou seja, armazena 5 valores. No instante t_{k-2} o MovAVG armazena e calcula a média dos valores dos índices 1, 2, 3, 4 e 5.

No instante t_{k-1}, como mostrado na Figura 7.2, a janela hachurada é deslocada em uma unidade. Nesse instante, o filtro calcula a média dos valores de índices 2, 3, 4, 5 e 6, descartando-se o valor da medida de índice 1.

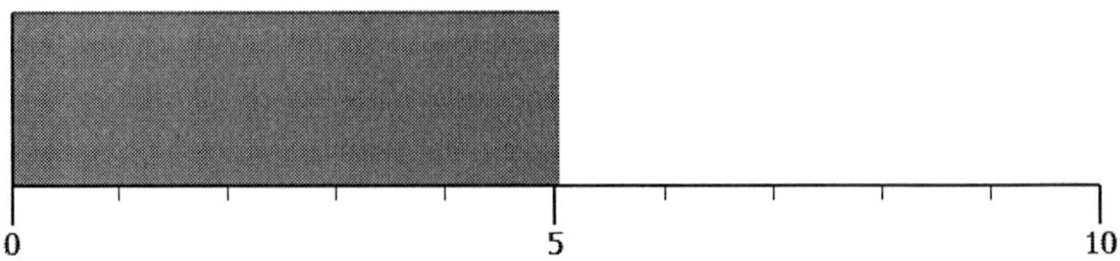

Figura 7.1: Filtro Média Móvel, instante t_{k-2}.

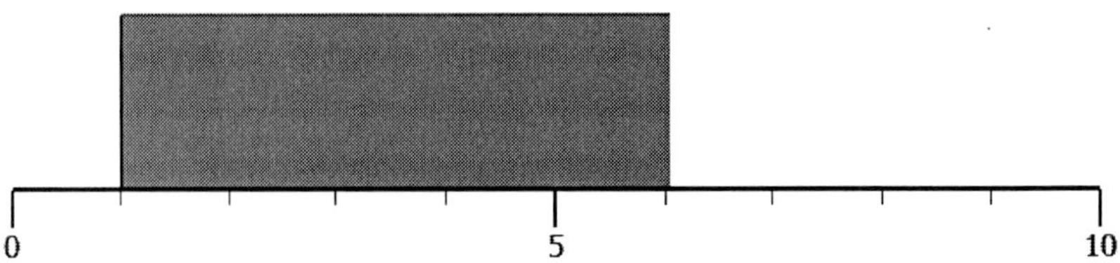

Figura 7.2: Filtro Média Móvel, instante t_{k-1}.

No instante t_k, como visto na Figura 7.3, há outro deslocamento da janela hachurada. Nesse momento, calcula-se a média dos valores com índices 3, 4, 5, 6 e 7, descartando a medição de índice 2.

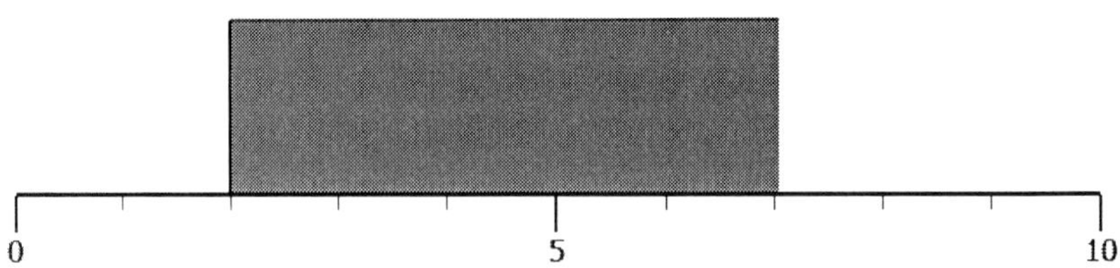

Figura 7.3: Filtro Média Móvel, instante t_k.

7.1.1 Resposta do AVG ao Degrau

Quanto maior é o número de medições (n) armazenadas pelo Filtro Média Móvel, maior é a estabilidade do sinal filtrado. Entretanto, há um atraso na leitura do sinal filtrado diante de varições, como podemos ver na Figura 7.4, que mostra três sinais: o valor medido, a resposta do Filtro Média Móvel para ordem 10 e a resposta do filtro de ordem 5.

Na Figura 7.4 há um atraso na resposta dos filtros após uma mudança do valor medido. Comparando-se AVG_5 e AVG_{10}, nota-se que quanto maior é a ordem do AVG, maior é o atraso do filtro.

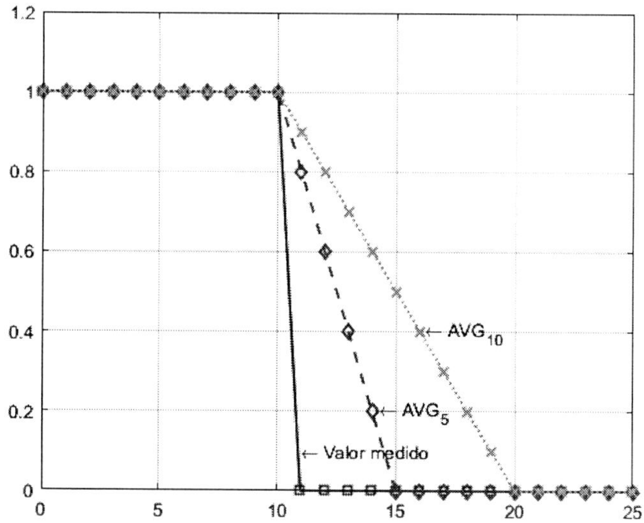

Figura 7.4: Resposta ao Degrau do MovAVG.

7.1.2 Resposta do AVG ao ruído

Neste caso testaremos uma única medição com ruído e sua influência no sinal filtrado. A Figura 7.5 mostra as seguintes curvas: o sinal ruidoso e os sinais filtrados com $n = 5$ e $n = 10$.

Na Figura 7.5 nota-se que a imunidade do Filtro Média Móvel é proporcional à dimensão do filtro. Em contrapartida, o filtro com maior dimensão mantém a influência do ruído por maior tempo.

Ao compararmos a Figura 7.4 à Figura 7.5, notamos que devemos encontrar um equilíbrio entre velocidade à variação do sinal e imunização ao ruído. Não adianta um filtro AVG com uma dimensão muito grande, pois eliminará o ruído, mas demorará para indicar mudança de valor do sinal. Por outro lado, uma dimensão pequena demais permitirá respostas rápidas à variação do sinal, mas não reduzirá ruídos.

7.2. Filtro Passa-Baixas

O Filtro Passa-Baixas (**FPB**) de primeira ordem consiste em ponderar tanto o novo valor medido (x_k) quanto o valor acumulado ($\bar{x}_{k-1}$), com pesos, respectivamente, $(1-\alpha)$ e α. O fator α é ajustado entre 0 e 1. Quanto maior é este fator, menor o peso do novo valor medido.

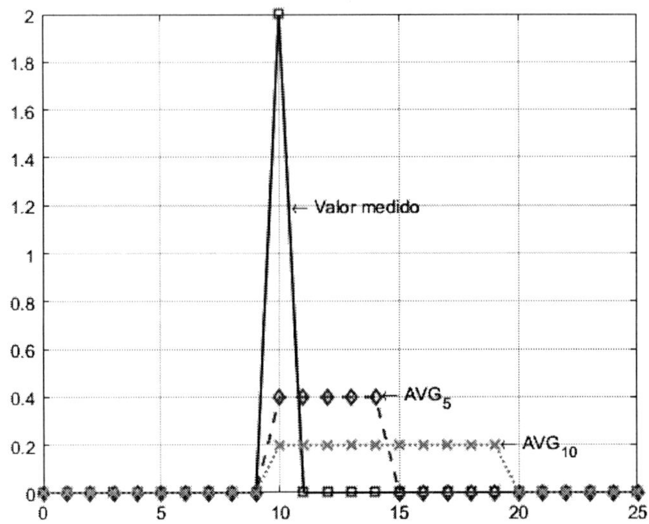

Figura 7.5: Influência de um sinal ruidoso na resposta do MovAVG.

A Equação 7.2 apresenta a expressão do filtro passa-baixa.

$$\bar{x}_k = \alpha \cdot \bar{x}_{k-1} + (1-\alpha) \cdot x_k \tag{7.2}$$

7.2.1 Resposta do FPB ao Degrau

A Figura 7.6 apresenta uma resposta ao degrau. São vistos no gráfico: os valores medidos, a resposta do filtro com $\alpha = 0,7$ e com $\alpha = 0,9$.

A Figura 7.6 mostra que o valor de α influi diretamente na resposta do filtro. Um valor de α muito próximo a 1 reduz a velocidade do filtro à percepção de mudanças do sinal.

Ao compararmos a Figura 7.6 à Figura 7.4, percebemos que a convergência do FPB é exponencial, ao passo que o AVG é uma reta.

7.2.2 Resposta do FPB ao ruído

Testaremos uma única medição com ruído e sua influência no sinal filtrado. A Figura 7.7 mostra as seguintes curvas: sinal ruidoso, sinal filtrado com $\alpha = 0,7$ e sinal filtrado com $\alpha = 0,9$.

A Figura 7.7 mostra que o FPB com α maior é mais imune a ruído. Por outro lado, demora mais para voltar ao valor do sinal medido. Da mesma forma que no

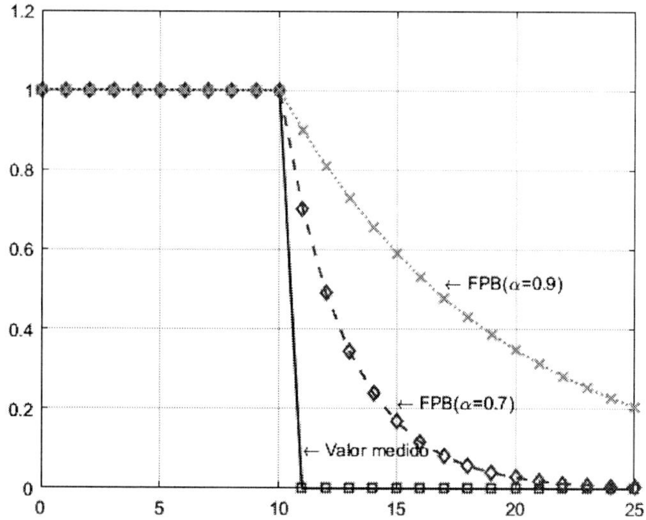

Figura 7.6: Resposta do FPB ao Degrau.

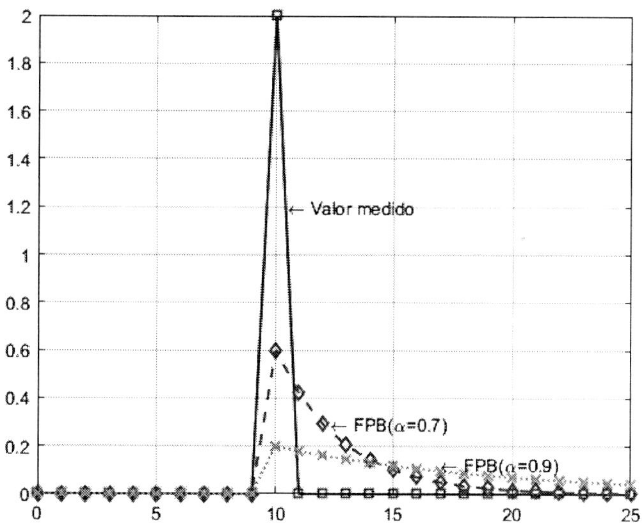

Figura 7.7: Influência de um sinal ruidoso na resposta do FPB.

Filtro Média Móvel, deve-se encontrar um valor de α adequado à sua aplicação, para que o filtro não produza uma saída muito lenta, bem como seja eficiente à filtragem de ruído.

7.3. Filtro de Kalman

O Filtro de Kalman (**KF** - *Kalman Filter*) é um método de filtragem digital com remoção de ruídos e com atraso virtualmente nulo. Uma de suas aplicações mais comuns consiste em sistemas de navegação. Historicamente, foi utilizado desde as primeiras missões espaciais. Existem algumas variações, chamadas de **EKF** (*Extende Kalman Filter*) e **UKF** (*Unscented Kalman Filter*), as quais não serão abordadas neste livro, devido à complexidade desses filtros, requerendo um material bibliográfico específico.

7.3.1 Modelagem

Para a implementação do KF são necessárias quatro etapas:

1. *estado de predição e erro de covariança*;
2. *ganho*;
3. *estimativa*;
4. *erro de covariância*.

Na inicialização do Filtro de Kalman, deve-se definir os valores de $\hat{x}_o$ e P_o.

As seguintes equações são utilizadas de forma cíclica, ou seja, a cada nova aquisição de dados são atualizados os cálculos obtidos por essas equações.

A predição é calculada a partir da Equação 7.3.

$$\hat{x}_k^- = A \cdot \hat{x}_{k-1} \tag{7.3}$$

A predição do erro de covariância é calculada pela Equação 7.4.

$$P_k^- = A \cdot P_{k-1} \cdot A^T + Q \tag{7.4}$$

O ganho de Kalman é calculado pela Equação 7.5.

$$K_k = P_k^- \cdot H^T \cdot \left(H \cdot P_k^- \cdot H^T + R\right)^{-1} \tag{7.5}$$

Nessa etapa há a aquisição do dado z_k, que é utilizado para a computação do valor estimado, realizado pela Equação 7.6.

$$\hat{x}_k = \hat{x}_k^- + K_k \cdot \left(z_k - H \cdot \hat{x}_k^-\right) \tag{7.6}$$

A estimação do erro de covariância é calculada pela Equação 7.7.

$$P_k = P_k^- - K_k \cdot H \cdot P_k^- \tag{7.7}$$

Vamos mostrar o comportamento de um KF, com os parâmetros $A = 1$, $H = 1$, $Q = 1$, $R = 10$, $\hat{x}_0 = 1$ e $P_0 = 1$.

7.3.2 Resposta do KF ao Degrau

A Figura 7.8 mostra a resposta de um KF ao degrau. Os parâmetros de configuração permitiram um comportamento do KF parecido com a curva do FPB, com $\alpha = 0,7$, vista na Figura 7.6.

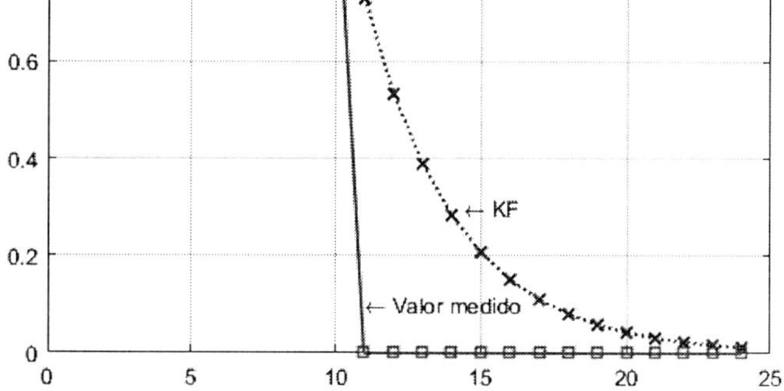

Figura 7.8: Resposta do KF ao Degrau.

7.3.3 Resposta do KF ao ruído

A Figura 7.9 mostra a resposta do KF ao ruído. Os parâmetros do KF permitiram um comportamento do filtro parecido com o FPB com $\alpha = 0,7$ como visto na Figura 7.7.

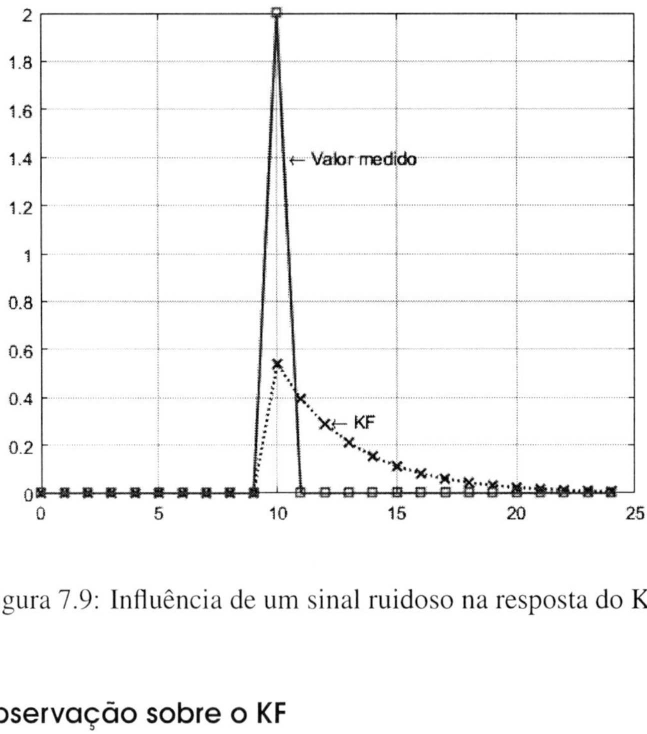

Figura 7.9: Influência de um sinal ruidoso na resposta do KF.

7.3.4 Observação sobre o KF

Embora seja um dos filtros mais utilizados para sistemas de navegação e outras aplicações, recomendamos o KF apenas para aplicações em que o leitor tenha a certeza de sua necessidade, além de que tenha familiaridade com o filtro. Normalmente, os filtros Média Móvel e Passa-Baixas serão suficientes para a maioria de suas aplicações. Em decorrência da dificuldade prática em estabelecer valores para os parâmetros necessários ao KF, recomendamos que utilize os filtros *AVG* e *FPB* em seus projetos.

7.4. Algoritmos de filtragem

NESTA seção vamos apresentar alguns algoritmos escritos para Arduino. Veremos, aqui, o Filtro Média Móvel, o Filtro Passa-Baixas e o Filtro de Kalman.

7.4.1 Algoritmo do Média Móvel

Este algoritmo baseia-se na Equação 7.1. Lembre-se de que deve ser criado um vetor de grau n e que a cada nova leitura, a leitura mais antiga deve ser descartada.

O algoritmo do Filtro Média Móvel é mostrado a seguir.

```
#define N 5 //Grau do filtro , pode ser mudado
float vetor[N];
float MovAVG( float valor){
  static boolean isFirstRunAVG = true;
  float avg;
  if(isFirstRunAVG==true){
    for(byte i=0;i<N;i++){
      vetor[i] = valor;
    }
    isFirstRunAVG = false;
  }
  avg = 0;
  for(byte i=0;i<N-1;i++){
    vetor[i]=vetor[i+1];
    avg+=vetor[i];
  }
  vetor[N-1]=valor;
  avg+=valor;
  avg/=N;
  return(avg);
}
```

7.4.2 Algoritmo do Filtro Passa-Baixas

A Equação 7.2 rege o código mostrado a seguir.

```
float alpha = 0.7; //valor entre 0 e 1
float prevX = 0;
float FPB(float valor){
  static boolean isFirstRunFPB = true;
  float calc;
  if(isFirstRunFPB==true){
    prevX = valor;
    isFirstRunFPB = false;
  }
  calc = alpha*prevX + (1 - alpha)*valor;
  prevX = calc;
  return(calc);
}
```

7.4.3 Algoritmo do Kalman Filter

O KF é um algoritmo que normalmente opera matrizes. Para ordem 1 (isto é, com apenas uma variável) podemos destacar o código a seguir.

Como dito, esse filtro pode ser configurado por tentativa e erro. O ideal é que você tenha amostras de medição do sensor utilizado, para que possa realizar o ajuste dos parâmetros.

O algoritmo do filtro de Kalman pode ser visto a seguir.

```
float A,H,Q,R,x,P;

float KF(float valor)
{
  static boolean isFirstRunKF=true;
  float xp,Pp,K;

  if(isFirstRunKF==true)
  {
    A = 1;
    H = 1;
    Q = 1;
    R = 10;
    x = 1;
    P = 1;
    isFirstRunKF = false;
  }

  xp = A*x;
  Pp = A*P*A + Q;
  K = Pp*H/(H*Pp*H+R);
  x = xp + K*(valor-H*xp);
  P = Pp - K*H*Pp;
  return(x);
}
```

7.4.4 O sketch dos filtros digitais

Para que você não tenha dúvidas de como utilizar os códigos apresentados para os filtros digitais, veja o *sketch* mostrado no Exemplo 7.1.

Nesse exemplo são impressos os dados que geraram os gráficos da Figura 7.4, Figura 7.6 e Figura 7.8.

Esse código deve ser utilizado no mesmo *sketch* em que estiverem os códigos dos filtros MovAVG, PB e KF já apresentados.

Exemplo 7.1 — Filtros digitais. Teste os algoritmos de filtragem.

```
//copie aqui as variaveis globais dos filtros
float matriz[] = {1,1,1,1,1,1,1,1,1,1,1,0,0,
  0,0,0,0,0,0,0,0,0,0,0,0,0};
int comprimento = 0;
void setup() {
  Serial.begin(9600);
}

void loop() {
  if(comprimento<26){
    int x = matriz[comprimento++];
    float avg = MovAVG(x);//chama a funcao MovAVG
    float fpb = FPB(x);//chama a funcao FPB
    float kf = KF(x);//chama a funcao KF
    Serial.print(x);
    Serial.write(9);
    Serial.print(avg);
    Serial.write(9);
    Serial.print(fpb);
    Serial.write(9);
    Serial.println(kf);
    delay(100);
  }
}
//Os codigos dos filtros devem ser inseridos abaixo
```

■

7.5. Problemas

Problema 7.1 — MovAVG. Sejam os dados medidos expressos no vetor abaixo, determine:
v= [85 ; 89 ; 82 ; 91 ; 84 ; 87 ; 85 ; 90 ; 98 ; 86 ; 97 ; 81]
a) Média Móvel, para um vetor de ordem 2.
b) Média Móvel, para um vetor de ordem 5.

Problema 7.2 — FPB. Sejam os dados medidos expressos no vetor abaixo, determine:
v= [2 ; -4 ; -1 ; 6 ; -2 ; 5 ; 1 ; -3 ; 4 ; -6 ; 3 ; -7]
a) FPB, com $\alpha = 0,5$.
b) FPB, com $\alpha = 0,7$.

Problema 7.3 — MovAVG. Sejam os dados medidos expressos no vetor abaixo, determine:
v= [2 ; -4 ; -1 ; 6 ; -2 ; 5 ; 1 ; -3 ; 4 ; -6 ; 3 ; -7]
a) MovAVG de ordem 2.
b) MovAVG de ordem 4.

Problema 7.4 — KF. Utilize as equações descritas no Filtro de Kalman, com as seguintes condições:
$\hat{x}_o = 10, P_o = 1$
$A = 1, P = 1, H = 1, Q = 1, R = 1$
Sejam os dados de medição:
v= [2 ; -4 ; -1 ; 6 ; -2 ; 5 ; 1 ; -3 ; 4 ; -6 ; 3 ; -7]

Problema 7.5 — MovAVG, FPB, KF. Utilize uma planilha para calcular os valores filtrados de cada um dos filtros estudados da seguinte lista de valores:
v= [5000 5001 4992 5050 4897 5011 5004 4987 4997 5006 9796 10064 9974 10056 9985 9878 10012 9965 9898 10020]

Problema 7.6 — MovAVG, FPB e KF. Teste os códigos mostrados neste capítulo, plotando-os numa planilha eletrônica.

III Programação I

8 Conceitos básicos

A programação é um dos pontos mais importantes ao se trabalhar com o Arduino. Por se tratar de uma plataforma pronta para uso, qualquer pessoa com um pequeno conhecimento em algoritmo pode reproduzir projetos básicos.

A linguagem C foi originalmente criada para o desenvolvimento de sistemas operacionais, acessando o hardware com facilidade, trabalhando diretamente com registradores. Na eletrônica embarcada, esta linguagem é extremamente importante, já que permite o acesso ao hardware com bastante facilidade. Em vista disso, os conceitos abordados aqui são fundamentais para o desenvolvimento de *sketches* para o Arduino.

A linguagem C++ foi adotada pelo IDE para o desenvolvimento de projetos. Em razão disso, iremos abordá-la no Capítulo 14. Ela é uma poderosa ferramenta de programação em ambientes embarcados, pois trabalha desde o baixo nível até abstrações em alto nível.

Devemos lembrar ao leitor de que este não é um material específico sobre a linguagem C, mas apenas um resumo que resgata alguns dos pontos mais utilizados e explorados sobre a linguagem C/C++, totalmente direcionada para o IDE.

8.1. Estrutura de um Sketch

A estrutura de um programa em C/C++ voltado para o Arduino possui as características mostradas no Exemplo 8.1. Nele, vemos a execução da função **soma**, e a impressão do resultado na porta serial. As variáveis globais, que podem ser acessadas em qualquer parte do código, são declaradas antes de qualquer função ou procedimento. Após as declarações das variáveis globais, podemos declarar as funções e procedimentos utilizados, permitindo que sejam reconhecidos por todo o *sketch*.

Em seguida, encontramos o **setup** e o **loop**. O **setup** é o local em que são configurados os dispositivos do hardware, por ser executada uma única vez, até que se aperte o botão de *Reset*. O **loop** é o local onde são executadas as linhas de comando, indefinidamente, ocorrendo as leituras dos sensores e acionamentos dos atuadores.

Por último, o corpo das funções e procedimentos utilizados no *sketch*. No Exemplo 8.1, a função **soma** encontra-se abaixo do **loop**.

Exemplo 8.1 — Sketch. Exemplo de um *sketch*, com chamada de função.

```
int var; //Variavel global
int soma(int x, int y);    //Declaracao da funcao
void setup(){
  Serial.begin(9600);
}
void loop(){
  int i,j; //Variaveis locais
  i = 10;
  j = 100;
  var = soma(i,j);
  Serial.println(var);
}
int soma(int x, int y){   //Corpo da funcao
  return(x+y);
}
```

■

A seguir serão apresentados alguns tópicos importantes para a programação do Arduino.

8.2. Comentários

Por vezes é necessário explicar alguma etapa do código. Principalmente quando o código for usado por mais de uma pessoa ou mesmo para não esquecer o que determinado código realiza. Dessa forma, mesmo depois de meses em que você tenha escrito o código, por meio dos comentários você não se perderá na lógica do programa. Existem, na linguagem C, duas formas de escrever comentários. Na primeira, o comentário é realizado após "//", limitando-se apenas à linha, como mostrado no código a seguir.

Comentario em uma linha

```
//Este e um comentario
int x = 0; //Estou iniciando a variavel x com zero
```

A segunda forma consiste em escrever o comentário entre /* e */, como visto no código abaixo. Neste caso, podemos usar mais de uma linha para os comentários.

Comentario multiplas linhas

```
/* Este
comentario possui
mais de uma linha */
int x = 1110;
/* aqui x recebe este valor*/
```

Os comentários não são lidos pelo compilador, logo não alteram o *sketch* construído.

8.3. A lista de Inclusões

A lista de inclusões é usada para chamar bibliotecas que controlam determinados hardwares, tais como o servo, display de cristal líquido, motor de passo, e outros. O IDE pode inserir automaticamente as bibliotecas. Para isso, basta clicar no menu **Sketch / Incluir Biblioteca**.

8.4. Variáveis

As variáveis armazenam valores ou informações pertinentes ao programa em execução. Podem armazenar resultados de cálculos ou valores lidos por sensores, também podendo armazenar textos, ou mesmo valores lógicos (verdadeiro ou falso).

A declaração de uma variável deve ser realizada seguindo o padrão mostrado na Figura 8.1. Podem ser declaradas globalmente ou em determinados locais do programa. Neste último caso, não podem ser acessadas de outras partes do programa.

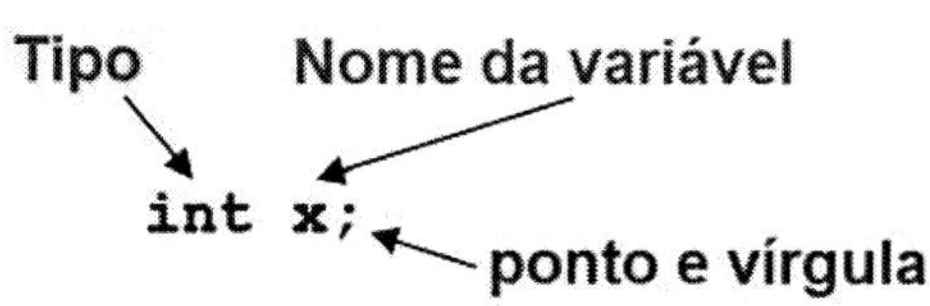

Figura 8.1: Sintaxe de declaração de uma variável.

8.4.1 Nomeando as variáveis

Há regras para a declaração de variáveis. Elas não podem utilizar caracteres especiais, com exceção de **underline** (_). Podemos utilizar números, mas o primeiro caractere do nome de uma variável deve ser uma letra. Também não devem ser utilizados acentos. Vejamos alguns nomes de variáveis, vistos no Exemplo 8.2.

Exemplo 8.2 — Nomenclatura de variáveis. Exemplos de nomes válidos de variáveis.

```
int a, a1, _a_1, A, valor, Valor, VALOR;
boolean flag3a;
```

Todas as variáveis declaradas são permitidas ao compilador. ■

Note que a linguagem C é *case-sensitive*. Isso quer dizer que as variáveis *valor*, *Valor* e *VALOR* são diferentes entre si, ao contrário de algumas linguagens, como o Pascal. Da mesma forma, as variáveis *a* e *A* são diferentes.

8.4.2 Atribuição de valores às variáveis

As variáveis podem ser inicializadas com algum valor ao serem declaradas, bem como podem ser atribuídos valores a qualquer momento, como visto no Exemplo 8.3.

Exemplo 8.3 — Atribuição de variáveis. Declaração de variáveis.

Declaração de variáveis com atribuição de valores.

```
int motor1 = 10;
```

Declaração de variáveis com posterior atribuição de valores.

```
boolean flag;
flag = false;
```

■

Neste momento, vejamos algumas formas em que as variáveis declaradas não são permitidas pelo compilador, como mostradas no Exemplo 8.4. Algumas dessas variáveis utiliza caracteres especiais, além da segunda variável, que é declarada com o primeiro caractere numérico.

Exemplo 8.4 — Declaração de variáveis. Declarações não permitidas pelo compilador.

```
int @a;
int 1flag;
int f&;
```

Nenhuma das declarações é permitida pelo compilador. ■

A seguir serão mostradas as diferenças básicas entre variáveis globais e locais.

8.5. Variáveis globais

VARIÁVEIS globais são aquelas vistas em todo o programa e são declaradas depois da lista de inclusões e antes de **void setup**. As variáveis globais devem, sempre que possível, ser evitadas, uma vez que alocam a memória RAM durante toda a execução do programa. O processamento utilizando as variáveis globais se torna mais lento do que com variáveis locais. Devemos usar as variáveis globais quando informações importantes devem ser vistas e modificadas por todo o programa.

Em caso de dúvidas quanto ao acesso das variáveis, declare-as globalmente, para que sejam acessadas de qualquer parte do código.Vamos analisar o código do Exemplo 8.5.

Exemplo 8.5 — Variáveis globais. Exemplificando uma variável global.

```
int valor; //Esta e uma variavel global
void setup(){
  valor = 100;
}

void loop(){
  valor++;
}
```

A variável *valor* é vista por todo o programa, podendo ser lido ou modificado em qualquer local. ■

Usamos as variáveis globais, por exemplo, para trabalhar com servomotores: após incluir a biblioteca servo, devemos criar a variável (que no caso de linguagem orientada a objetos são chamadas de instâncias) da classe *servo*, como no Exemplo 8.6.

Exemplo 8.6 — Variáveis globais. Exemplificando uma variável (instância) global.

```
#include <Servo.h>
Servo meuMotor;
//O servo como uma variavel (instancia) global

void setup(){
  //meuMotor pode ser acessada aqui
}

void loop(){
  //meuMotor pode tambem ser acessada aqui
}
```

O Servo *meuMotor* poderá ser visto por todo o *sketch*. ■

Após este comando temos uma instância para trabalhar com o servo. A linguagem orientada a objetos será vista no Capítulo 14.

8.6. Variáveis locais

As variáveis locais são aquelas declaradas dentro das funções ou mesmo dentro das condicionais. Como vantagem, alocam o espaço de memória somente quando é chamada a função ou a condicional. As variáveis locais são processadas mais rapidamente do que as variáveis globais.

O Exemplo 8.7 mostra três variáveis locais. A primeira variável, *i*, é vista somente em **setup**. Já a variável *x* é vista somente em **loop**. Um detalhe especial é sobre a variável *s*, que é vista somente dentro da condicional **if**. Fora da condicional **if**, a variável *s* não será reconhecida, mesmo dentro do **loop**.

Vejamos, também, o Exemplo 8.8, em que as variáveis locais são declaradas com o mesmo nome. Sabemos que as variáveis *i* de **setup** e *i* de **loop** são acessadas somente em seus respectivos procedimentos. Mas dentro do **if**, a variável *i* acessada é aquela declarada dentro dessa condicional, excluindo-se o acesso à variável declarada em **loop**. Se for preciso acessar a variável declarada em **loop** dentro do **if**, teremos que declará-la com um nome diferente. Para evitar confusões, evite declarar variáveis com o mesmo nome.

Exemplo 8.7 — Variáveis locais. Verifique as regiões em que as variáveis locais podem ser acessadas no *sketch*.

```
void setup(){
  int i = 10;//acessada apenas em setup
  Serial.begin(9600);
  Serial.println(i);
}
void loop(){
  int x = analogRead(0);//acessada em loop
  Serial.print("variavel do loop ");
  Serial.println(x);
  if(x>100){
    byte s = 10;//acessada somente dentro do if
    Serial.print("Variavel dentro do if ");
    Serial.println(s);
  }
  delay(1000);
}
```

■

Exemplo 8.8 — Variáveis locais. Verifique como funcionam as variáveis com mesmo nome.

```
void setup(){
  int i = 10;//variavel acessada apenas em setup
  Serial.begin(9600);
  Serial.println(i);
}
void loop(){
  int i = analogRead(0);//acessada somente em loop
  Serial.print("variavel do loop ");
  Serial.println(i);
  if(i>100){
    byte i = 10;//acessada somente dentro do if
    Serial.print("Variavel dentro do if ");
    Serial.println(i);
  }
  delay(1000);
}

```

■

8.7. A unidade lógico-aritmética

ANTES de estudarmos os tipos de variáveis, vamos realizar um rápido estudo sobre a **U**nidade **L**ógico-**A**ritmética (ULA). A ULA é um bloco de circuitos digitais responsável por cálculos de adição, subtração, multiplicação, divisão, além de outros. Qualquer operação entre as variáveis passará pela ULA.

Para entender o funcionamento de uma ULA de 4 bits, um diagrama básico é mostrado na Figura 8.2, em que há as entradas $A_3A_2A_1A_0$ e $B_3B_2B_1B_0$ e as saídas $C_3C_2C_1C_0$, além do bit *carry*.

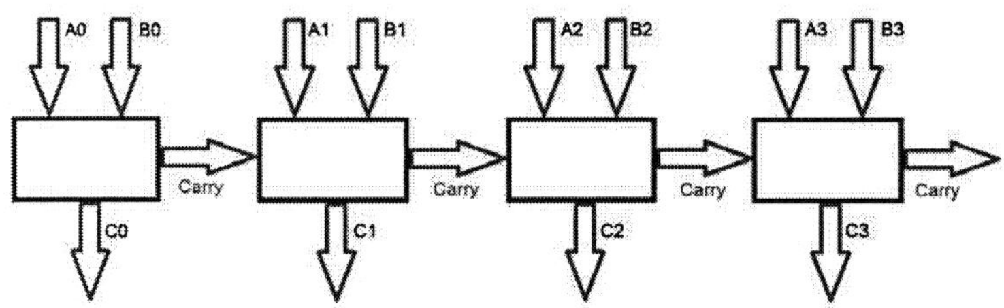

Figura 8.2: ULA de 4 bits.

A partir do circuito de 4 bits, podemos expandir a ULA para 8, 16 ou mais bits, inserindo mais de um esquema da Figura 8.2 em cascata. A Figura 8.3 mostra uma ULA de 8 bits construída a partir de duas ULAs de 4 bits.

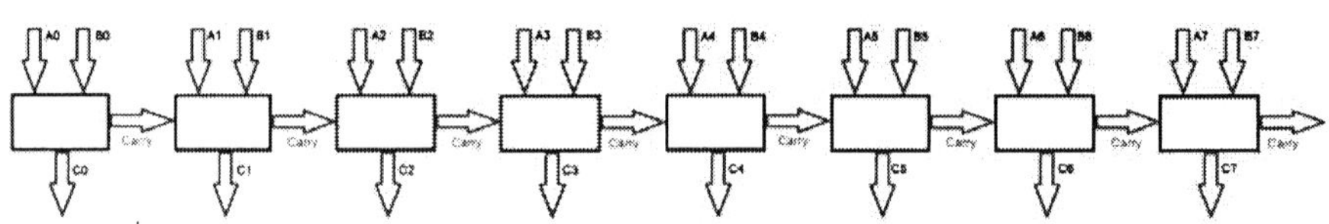

Figura 8.3: ULA de 8 bits.

Exemplo 8.9 — Operação soma. A adição numa ULA de 1 bit.

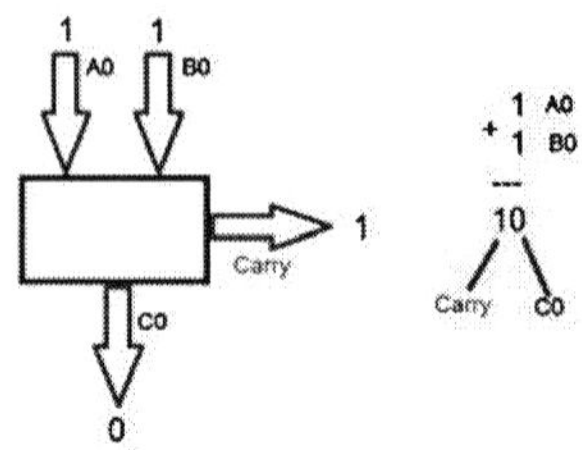

■

O Exemplo 8.9 mostra a adição entre dois bits. As entradas $A0 = 1$ e $B0 = 1$. Na operação de adição, $0b1 + 0b1 = 0b10$. O *carry* envia 1, e a saída $C0$ envia o valor 0.

8.8. Variáveis Binárias

São aquelas de um bit, que assumem os valores *true* ou *false*. Podemos utilizar 1, *true* ou *HIGH* para inserir o valor lógico verdadeiro; da mesma forma, o valor lógico falso pode ser expresso como *false*, *LOW* ou 0.

O Exemplo 8.10 mostra diversas formas de inserir valores booleanos às variáveis.

Exemplo 8.10 — Variáveis booleanas. Verifique os valores de cada variável.

```
boolean a,b,x,y,z,w;  // Criando variaveis booleanas
void setup(){
  a = HIGH;
  b = LOW;
  x = false;
  y = true;
  z = 0;
  w = 1;
}
void loop(){

}
```

As variáveis *a*, *y* e *w* recebem o valor lógico *true*. As demais, *false*. ■

8.9. Variáveis inteiras de 8 bits

São aquelas que assumem valores inteiros com 2^8 valores, assumindo os valores entre 0 e 255 ou entre -128 e +127. São recomendadas para a recepção de dados pela serial. Vejamos os tipos mais comuns.

8.9.1 O tipo char

Esse tipo é mais utilizado para armazenar caracteres ASCII, principalmente em impressões na porta serial, como mostrado no Exemplo 8.11.

Exemplo 8.11 — O tipo char. O que será impresso no **Monitor serial**?

```
void setup(){
  char x;
  Serial.begin(9600);
  x = 0x30;
  Serial.println(x);
}

void loop(){

}
```

Será impresso o caractere **0**. ■

O tipo **char** também pode ser utilizado como variável com sinal, isto é, valores entre -128 e +127.

No Exemplo 8.12 há estouro (*overflow*) da variável *x*, assumindo, dessa forma, o valor -128, e não 128. Uma atenção especial consiste em que o valor não poderá ser enviado de forma legível (isto é, codificado em ASCII) por meio dos comandos da serial (**print**, **println** e **write**).

Exemplo 8.12 — O tipo char. Verifique se o LED acenderá.

```
void setup(){
  pinMode(13,OUTPUT);
}
void loop(){
  char x;
  x = 127;
  x++;
  if(x == -128) {
    digitalWrite(13, HIGH);
  }else{
    digitalWrite(13, LOW);
  }
}
```

Neste exemplo o LED acenderá, pois haverá *overflow* de *x*. ■

8.9.2 O tipo unsigned char

Armazena um valor entre 0 e 255. É um tipo de variável que aceita os comandos da serial (**print**, **println** e **write**).

Exemplo 8.13 — O tipo unsigned char. O que será impresso no **Monitor serial**?

```
void setup(){
  Serial.begin(9600);
}
void loop(){
  unsigned char x;
  x = 0x30;
  x++; // Agora x tem o valor 0x31
  if(x == 0x31) {
    //Imprimindo o caractere 0x31, em ASCII:
    Serial.write(x);
    //Imprimindo o valor 0x31, em decimal
    Serial.println(x);
  }
}
```

A variável x assumirá o valor 0x31. O comando **Serial.write** escreverá o caractere correspondente em ASCII (o caractere **1**). O comando **Serial.println** escreverá o valor, em decimal, correspondente ao valor 31_H, ou seja, o valor 49. ■

8.9.3 O tipo byte

Armazena um valor entre 0 e 255. É semelhante ao tipo **unsigned char**.

8.10. Variáveis inteiras de 16 bits

As variáveis inteiras de 16 bits podem assumir valores de -32.768 a + 32.767 ou de 0 a 65.535, para tipos com sinal e sem sinal, respectivamente. Portanto, é mais difícil ocorrer *overflow* nas variáveis de 16 bits do que nas variáveis de 8 bits. Para iniciantes, o uso das variáveis de 16 bits em vez das variáveis de 8 bits é altamente recomendável, uma vez que são, de modo geral, as mais usadas, reduzindo a possibilidade de *overflow*. Os tipos de variáveis inteiras de 16 e de 32 bits aqui apresentados são definidos para o Arduino Uno e o Arduino Mega 2560. No caso de plataformas de 32 bits, tal como o Arduino Due, recomendamos a leitura da Seção 8.17.

8.10.1 O tipo int

É um tipo de variável com sinal, armazenando valores entre -32.768 e 32.767. É um dos tipos de dados mais usados no Arduino.

8.10.2 O tipo unsigned int

É um tipo de dados sem sinal. Armazena um valor entre 0 e 65.535. Recomendamos utilizá-lo, quando trabalhar com valores que não caibam em variáveis de 8 bits e que não tenham sinal.

8.10.3 O tipo word

Tipo de dados sem sinal. Armazena um valor entre 0 e 65.535. É semelhante ao tipo **unsigned int**.

Vejamos o Exemplo 8.14, em que há os três tipos de variáveis de 16 bits. Note que haverá *overflow* da variável *x*, pois ela é do tipo **int** (com sinal).

Exemplo 8.14 — O tipo word. Quais serão os valores impressos no **Monitor serial**?

```
void setup(){
  word w;
  int x;
  unsigned int z;
  Serial.begin(9600);
  w = 60000;
  x = 60000;
  z = 60000;
  Serial.println(w);
  Serial.println(x);
  Serial.println(z);
}

void loop(){

}
```

As variáveis *w* e *z* imprimirão o valor 60000. Entretanto, como a variável *x* recebe valores até 32767, será impresso -5536. ■

8.11. Variáveis inteiras de 32 bits

SÃO variáveis de 4 bytes. Devem ser usadas em casos muito específicos, uma vez que ocupam mais memória do que as de 16 bits, podendo reduzir a velocidade de processamento. Podem ser usadas, por exemplo, na medição de pulsos de um tacômetro, para projetos com odometria, em que a contagem em tipos de 16 bits são, normalmente, insuficientes.

8.11.1 O tipo long

Armazena um número entre -2.147.483.648 e 2.147.483.647. Recomendamos utilizá-la somente quando o número não couber numa variável de 16 bits.

8.11.2 O tipo unsigned long

Armazena valores entre 0 e 4.294.967.295. Recomendamos este tipo quando trabalhar com números sem sinal e que não caibam numa variável de 16 bits. Este tipo de variável é utilizado quando for utilizar as funções **millis** e **micros**. Estas funções serão vistas no Capítulo 12.

8.12. Array

É uma lista ou arranjo de variáveis que podem ser acessadas por um índice. Para declarar um *array*, basta declarar uma variável com a ordem (tamanho) do *array* no final entre colchetes. Vamos ver o Exemplo 8.15.

Exemplo 8.15 — Utilizando Arrays. Verifique os valores recebidos pelo vetor do tipo **char**.

```
int valor[5] = {5, 6, 7, 4, 3}; //inserindo valores
//tambem poderia ser declarado:
//int valor[] = {5, 6, 7, 4, 3};
int x;
x = valor[0];    //x recebe 5
x = valor[1];    //x = 6
x = valor[2];    //x = 7
x = valor[3];    //x = 4
x = valor[4];    //x = 3

```

■

8.13. Variáveis do tipo Ponto Flutuante

VEJAMOS, nesta seção, tipos de variáveis mais complexas, do ponto de vista de processamento. São variáveis utilizadas em cálculos matemáticos em que tenham valores com partes decimais. Algumas funções retornam, necessariamente, valores que precisam de variáveis desse tipo. Como exemplos, temos as funções trigonométricas, como seno e cosseno, que serão vistas no Capítulo 11.

8.13.1 float

Armazena valores de ponto flutuante (números com casa decimal). Seu processamento é lento e utiliza-se muita memória nas operações aritméticas com esse tipo de variável. Armazena um número entre $-3,4028235 \cdot 10^{38}$ a $3,4028235 \cdot 10^{38}$.

8.13.2 double

No Arduino Mega 2560 e Uno são semelhantes à variável do tipo *float*. Por outro lado, no Arduino Due são variáveis de 64 bits. Devem ser usadas em casos muito específicos, pois além de consumir muita memória, são mais lentas para processamento.

O valor máximo é de $1,7976931348623157 \cdot 10^{308}$.

8.14. String

SÃO variáveis do tipo caractere ou tipo texto, onde se utiliza um conjunto de caracteres ASCII. Utiliza-se principalmente para a escrita no LCD (display de cristal líquido) ou para a transferência de dados pela serial.

Para um vetor do tipo **char**, um byte a mais é adicionado à variável, com o valor *null* (0x00), para informar o fim do vetor. Vejamos o Exemplo 8.16. No código apresentado, a variável do tipo **char** ocupa 15 bytes: 14 bytes de texto e 1 byte no final com o caractere *null*. Deve-se lembrar que o caractere *SPACE* (espaço entre as duas palavras da mensagem) é o valor 32 (decimal). O tamanho do vetor é obtido pela função **sizeof**.

Exemplo 8.16 — Utilizando char. Vejamos quantos bytes e os valores armazenados em cada, para o vetor do tipo **char**.

```
char vetor[]= "Mensagem";
void setup() {
  Serial.begin(9600);
  int n = sizeof(vetor);
  Serial.println(n);
  for(int i=0;i<n;i++){
    Serial.println(vetor[i]);
  }
}

void loop() {

}
```

Caractere	M	e	n	s	a	g	e	m
Valor em decimal	77	101	110	115	97	103	101	109
Valor em hexadecimal	0x4D	0x65	0x6E	0x73	0x61	0x67	0x65	0x6D

Na impressão pela porta serial, o valor de *n* será 15. ■

No Exemplo 8.17, vemos a mesma mensagem armazenada numa variável do tipo **String**. Esse tipo de variável (na verdade é uma instância) possui um método chamado **length**, que retorna o tamanho da variável.

Exemplo 8.17 — Utilizando String. Vejamos quantos bytes e os valores armazenados em cada, para uma variável do tipo **String**.

```
String s;
void setup() {
  s = "Mensagem teste";
  Serial.begin(9600);
  int n = s.length();
  Serial.println(n);
  for(int i=0;i<n;i++){
    Serial.println(s[i]);
  }
}

void loop() {

}
```

Utilizando a **String**, o valor impresso da variável *n* será 14. ■

8.15. Atribuição entre tipos de variáveis

NESTA seção vamos complementar o estudo dos tipos de operadores com a atribuição "="entre diversos tipos de variáveis inteiras.

8.15.1 1 bit recebe 8 bits

Uma variável do tipo booleana, ao receber dados de uma variável de 8 ou mais bits, entende que se a variável de 8 bits estiver com valor 0, então o valor recebido é *false*; se o valor da variável for diferente de 0, o valor recebido será *true*. Vejamos o Exemplo 8.18.

Exemplo 8.18 — 1 bit recebe 8 bits. Quais serão os valores impressos no **Monitor serial**?

```
void setup() {
  boolean a,b,c; //Variaveis de 1 bit
  byte x = 0b11111111;
  byte y = 0b11111110;
  byte z = 0;
  a = x;
  b = y;
  c = z;
  Serial.begin(9600);
  Serial.println(a);
  Serial.println(b);
  Serial.println(c);
}

void loop() {

}
```

Neste exemplo, as variáveis *a* e *b* recebem o valor *true*, ao passo que a variável *c* recebe o valor *false*, uma vez que *z* é 0. ■

8.15.2 1 bit recebe 16 bits

Este caso é idêntico ao caso anterior. Se a variável de 16 bits for igual a 0, o valor lógico será *false*. Se a variável de 16 bits for diferente de zero, o valor lógico será *true*. Refaça o Exemplo 8.18, mas mudando o tipo das variáveis **byte** por **int**.

8.15.3 8 bits recebe 16 bits

Como regra geral, quando uma variável de menor tamanho receber os dados de uma variável maior, aquela receberá os bits menos significativos, como visto no Exemplo 8.19.

Exemplo 8.19 — 8 bits recebe 16 bits. Qual é o valor impresso no **Monitor serial** do algoritmo a seguir?

```
void setup() {
  byte a;
  unsigned x = 0x1234;   // A variavel x possui 16 bits
  a = x;        // a recebe o byte menos siginificativo
  Serial.begin(9600);
  Serial.println(a,HEX);
}

void loop() {

}
```

A variável a recebe o valor $0x34$. ■

8.15.4 16 bits recebe 32 bits

Este caso é muito semelhante ao caso anterior, em que a variável de 16 bits receberá os bits menos significativos da variável de 32 bits.

8.16. Análise de desempenho - parte 1

EXISTEM formas mais hábeis para se atingir um determinado objetivo. Em programação, também temos esse dilema, ou seja, podemos escrever inúmeros algoritmos diferentes para realizarmos determinada tarefa. Dependendo da forma em que o código é desenvolvido, pode ser processado mais rápido ou mais devagar do que outro.

Vejamos dois algoritmos, desenvolvidos para o mesmo cálculo, mas um deles utiliza variáveis globais e outro, variáveis locais. Para variáveis globais, vejamos o Exemplo 8.20.

Exemplo 8.20 — Variáveis GLOBAIS. Verifique o desempenho de cada tipo de variável.

```
int led = 13;
unsigned i,j,k,x,z; //int, byte, float
unsigned long ti,tf;
void setup(){
  pinMode(led,OUTPUT);
  Serial.begin(9600);
}
```

```
void loop(){
  ti = micros();
  for(i=0;i<255;i++){
    for(j=0;j<255;j++){
      for(k=0;k<25;k++){
        x=200;
        z=k+x+i+j;
      }
    }
  }
  digitalWrite(led,0);
  for(i=0;i<255;i++){
    for(j=0;j<255;j++){
      for(k=0;k<25;k++){
        x=200;
        z=k+x+i+j;
      }
    }
  }
  digitalWrite(led,1);
  tf = micros();
  Serial.println(tf-ti);
}
```

Os resultados obtidos encontram-se na da Tabela 8.1 e na Tabela 8.2. ■

Se você ainda não pôde compreender o código mostrado no Exemplo 8.20, não se preocupe, pois o objetivo desse exemplo não é estudar esse algoritmo, mas sim obter os dados das tabelas. Os conceitos de programação serão vistos nos próximos capítulos.

Baseado nisso, no algoritmo apresentado, foi gravado no Arduino Mega 2560 e Due, para as variáveis do tipo **byte**, **int**, **unsigned** e **float**. A cada teste foi modificada a linha de comentário em que são declaradas as variáveis globais com um tipo específico.

Para testar variáveis locais, modificamos o código anterior, em que alteramos a linha em que as variáveis são declaradas (agora como variáveis locais), segundo o Exemplo 8.21.

Exemplo 8.21 — Variáveis LOCAIS. Verifique o desempenho de cada tipo de variável.

```
int led = 13;
unsigned long ti,tf;
```

```
void setup(){
  pinMode(led,OUTPUT);
  Serial.begin(9600);
}

void loop(){
  unsigned i,j,k,x,z;//int, byte, float
  ti = micros();
  for(i=0;i<255;i++){
    for(j=0;j<255;j++){
      for(k=0;k<25;k++){
        x=200;
        z=k+x+i+j;
      }
    }
  }
  digitalWrite(led,0);
  for(i=0;i<255;i++){
    for(j=0;j<255;j++){
      for(k=0;k<25;k++){
        x=200;
        z=k+x+i+j;
      }
    }
  }
  digitalWrite(led,1);
  tf = micros();
  Serial.println(tf-ti);
}
```

Os resultados obtidos encontram-se na da Tabela 8.1 e na Tabela 8.2. ■

Os resultados da análise de desempenho do Arduino Mega 2560 estão expostos na Tabela 8.1, em microssegundos.

Tipos	byte	int	unsigned	long	float	double
GLOBAIS	15,6	65.966,6	57.854,6	686,8	25.843.777,7	25.990.476,0
LOCAIS	16,0	16,0	16,3	16,0	429.552,9	429.494,5

Tabela 8.1: Resultados do tempo de processamento do Arduino Mega 2560, em μs.

A partir da Tabela 8.1, pode-se notar que o tempo de processamento das variáveis locais é significamente menor, sendo até desconsideradas diferenças entre variáveis do tipo **int**, **unsigned** e **byte**. Por outro lado, as variáveis globais tendem a ser lentas, o que, em projetos complexos, pode ser um fator importante a ser considerado. Uma grande surpresa foi a variável do tipo **long**, que no caso das variáveis globais teve um desempenho muito bom, sendo o segundo melhor desempenho das globais e; no caso das variáveis globais, obteve o mesmo desempenho das variáveis inteirras.

Tipos	byte	int	unsigned	long	float	double
GLOBAIS	686.747,2	764.265,5	626.885,9	764.266,1	17.037.114,4	23.544.137
LOCAIS	5,7	5,7	5,7	5,7	5,7	5,7

Tabela 8.2: Resultados do tempo de processamento do Arduino Due, em μs.

Na Tabela 8.2, temos os resultados de desempenho do Arduino Due. Nessa tabela, vemos que as variáveis locais obtiveram praticamente o mesmo desempenho. Para as variáveis globais, seu desempenho foi surpreendentemente baixo, inferior até mesmo quando comparado ao das variáveis globais da Tabela 8.1. Por outro lado, o desempenho das variáveis de ponto flutuante mostrou-se um pouco melhor.

Comparando-se as duas tabelas, vemos que, para o *sketch* testado, o Arduino Due foi superior quando utilizadas variáveis locais. Entretanto, ao utilizarmos variáveis globais, o desempenho do Mega 2560 foi superior. Somente nas variáveis do tipo **float** e **double** que o Arduino Due mostra melhor desempenho (mas pouco significativo). É claro que diversos algoritmos mostrarão desempenhos diferentes para os mesmos tipos de variáveis, mas este *sketch* serviu para exemplificar que os tipos de variáveis podem influenciar no desempenho do projeto. Também concluímos que nem sempre o melhor microcontrolador realiza o processamento do *sketch* mais rapidamente.

8.17. Migrando para plataformas de 32 bits

No Arduino Uno e no Arduino Mega 2560, o tipo **int** tem 16 bits. Entretanto, no Arduino Due, o tipo **int** possui 32 bits. Variáveis do tipo *int* e do tipo *long*, embora tenham 16 bits e 32 bits no Arduino Uno, o comprimento desses tipos são de 32 bits no Due. De forma geral, os tipos de variáveis inteiras de 16 bits e de 32 bits no Arduino Uno ou Mega 2560 citadas na Seção 8.10 e na Seção 8.11 possuem dimensões diferentes no Arduino Due. A princípio, isso pode não parecer um problema, mas podem ocorrer incompatibilidades, principalmente a partir da leitura de determinados dispositivos ou sensores digitais.

Se você pretende utilizar ou migrar de plataformas de 8 bits e para plataformas de 32 bits, utilize tipos de variáveis padronizadas em qualquer plataforma.

Para isso, utilize as seguintes variáveis:

8.17.1 Tipos de variáveis com sinal

Armazenam valores nas seguintes faixas:

- **int8_t** de -128 a 127;
- **int16_t** de -32.768 a 32.767;
- **int32_t** de -2.147.483.648 a 2.147.483.647;
- **int64_t** de -9.223.372.036.854.775.808 a 9.223.372.036.854.775.807.

8.17.2 Tipos de variáveis sem sinal

Armazenam valores nas seguintes faixas:

- **uint8_t** de 0 a 255;
- **uint16_t** de 0 a 65.535;
- **uint32_t** de 0 a 4.294.967.295;
- **uint64_t** de 0 a 18.446.744.073.709.551.615.

8.18. Análise de desempenho - parte 2

USAREMOS os mesmos *sketches* para testarmos as variáveis, de forma que as características de cada tipo de variável sejam as mesmas.

A Tabela 8.3 mostra os tempos de processamento dos *sketches* para o Arduino Uno.

	uint8_t	uint16_t	uint32_t	uint64_t	int16_t	int32_t	int64_t
GLOBAIS	57.528	82.171	123.192	155.902	82.171	123.192	155.901
LOCAIS	12	12	12	12	12	12	12

Tabela 8.3: Tempo de processamento com cada tipo de variável inteira no Arduino Uno.

A Tabela 8.4 mostra o tempo de processamento do Arduino Due.

Ao analisarmos a Tabela 8.3 e a Tabela 8.4, verificamos novamente a diferença de desempenho entre variáveis locais e globais. O baixo desempenho do Due também pode ser notado para variáveis globais.

	uint8_t	uint16_t	uint32_t	uint64_t	int16_t	int32_t	int64_t
GLOBAIS	847.998	941.678	717.661	1.058.004	847.998	764.268	1.315.335
LOCAIS	6	5	5	5	5	6	5

Tabela 8.4: Tempo de processamento com cada tipo de variável inteira no Arduino Due.

8.19. Problemas

Problema 8.1 — Variáveis. Diferencie variáveis globais e variáveis locais.

Problema 8.2 — Variáveis. Cite os principais tipos de variáveis usadas na linguagem C.

Problema 8.3 — IDE. Qual é a diferença entre o *setup* e o *loop*?

Problema 8.4 — Overflow. Explique o que é *overflow*.

Problema 8.5 — Overflow. Identifique os valores mínimos e máximos permitidos nas variáveis do tipo **byte**, **int**, **unsigned int** (Arduino Uno).

Problema 8.6 — Tipos de variáveis. Diferencie variáveis do tipo inteiro de variáveis do tipo ponto flutuante.

Problema 8.7 — Algoritmo. Identifique o resultado da seguinte operação:

```
byte x, y, z;
x = 100;
y = 200;
z = x + y;
```

Problema 8.8 — Algoritmo. Identifique o resultado da seguinte operação:

```
byte x, y;
int z;
x = 100;
y = 200;
z = x + y;
```

Problema 8.9 — Algoritmo. Escreva um Algoritmo que armazene 10 valores do tipo *float* e escreva a Média pela serial.

9 Operadores matemáticos

A linguagem C permite uma vasta quantidade de operações matemáticas. Neste livro adotaremos uma classificação quanto à natureza do resultado da operação. Diante disso, classificaremos três grupos de operadores matemáticos: (1) os que realizam operações com bits; (2) os que apresentam um resultado booleano e; (3) os operadores algébricos.

9.1. Operadores bit a bit

VEJAMOS agora os operadores de bits. As operações são realizadas bit a bit, retornando um valor cujo número de bits dependerá das variáveis de entrada.

9.1.1 Operador ~ (Complemento de 1)

Este operador também é conhecido como complemento de 1, uma vez que inverte todos os valores dos bits de uma variável. Vejamos o Exemplo 9.1.

Exemplo 9.1 — Complemento de 1. Determine o complemento de uma variável de 16 bits.

```
unsigned x = 0b10101;
unsigned y = ~x;
```

	Byte 2								Byte 1							
	Nibble 2				Nibble 1				Nibble 2				Nibble 1			
x	0	0	0	0	0	0	0	0	0	0	0	1	0	1	0	1
y	1	1	1	1	1	1	1	1	1	1	1	0	1	0	1	0

Cada bit da variável de 16 bits x é invertido.
Dessa forma, $y = 0b1111111111101010$. ■

No Exemplo 9.1, as variáveis x e y são de 16 bits e sem sinal. Na variável x foi inserido o valor 10101_B. Na variável y, foi inserido o complemento de x, que é: $0b1111111111101010$, ou $0xFFEA$.

9.1.2 Operador & (E)

Este operador realiza a operação AND entre bits. Vejamos o código a seguir, em que usaremos duas variáveis booleanas, como no Exemplo 9.2.

Exemplo 9.2 — AND. Determine o valor de z.

```
boolean x,y,z;
x = true;
y = true;
z = x&y;
```

z receberá o valor *true*. ■

Podemos usar o operador AND para realizarmos operações bit a bit entre duas variáveis com mais de um bit. Vejamos o Exemplo 9.3.

Exemplo 9.3 — AND. Determine o valor de z.

```
byte x,y,z;
x = 0b11110000;
y = 0b10101010;
z = x&y;
```

Lembrando que a operação realizada é AND bit a bit, a variável z assumirá o valor: 0b10100000. ■

Até agora realizamos operações entre variáveis de mesmo tamanho. E se as variáveis forem de tamanhos diferentes?

Teorema 10 — Operações bit a bit entre variáveis de tamanho diferentes. Sempre fazer a operação AND (ou OR) com todos os bits da variável mais longa. Dessa forma, deveremos acrescentar zeros à esquerda da variável menor até que esta tenha o mesmo tamanho da variável maior.

Vejamos o Exemplo 9.4, em que há a operação entre duas variáveis de tamanhos diferentes.

Exemplo 9.4 — AND. Determine a operação AND entre as variáveis:

```
unsigned x = 0xAAAA;
byte y = 0xFF;
unsigned z = x&y;   // x tem 16 bits e y tem 8 bits
```

	Byte 2								Byte 1							
	Nibble 2				Nibble 1				Nibble 2				Nibble 1			
x	1	0	1	0	1	0	1	0	1	0	1	0	1	0	1	0
y	0	0	0	0	0	0	0	0	1	1	1	1	1	1	1	1
z	0	0	0	0	0	0	0	0	1	0	1	0	1	0	1	0

Na operação mostrada, a variável *z* recebe o valor 0xAA. ■

9.1.3 Operador | (Ou)

Este operador realiza a operação OR entre bits. Vejamos o Exemplo 9.5, em que usaremos duas variáveis booleanas:

Exemplo 9.5 — OR. Determine o valor de *z*.

```
boolean x,y,z;
x = true;
y = false;
z = x|y;
```

A variável *z* receberá o valor lógico *true*. ■

Podemos usar o operador OR para realizarmos operações bit a bit entre duas variáveis não booleanas. Vejamos o Exemplo 9.6.

Exemplo 9.6 — OR. Determine o valor de *z*.

```
byte x,y,z;
x = 0b11110000;
y = 0b10101010;
z = x|y;
```

	Byte 1							
	Nibble 2				Nibble 1			
x	1	1	1	1	0	0	0	0
y	1	0	1	0	1	0	1	0
z	1	1	1	1	1	0	1	0

A variável *z* assumirá o valor: 0b11111010. ■

Utilizando o Teorema 10, vejamos agora o Exemplo 9.7.

Exemplo 9.7 — OR. Determine o valor de *z*.

```
unsigned x = 0xFF01;
byte y = 0xFF;
unsigned z = x&y;
```

	Byte 2								Byte 1							
	Nibble 2				Nibble 1				Nibble 2				Nibble 1			
x	1	1	1	1	1	1	1	1	0	0	0	0	0	0	0	1
y	0	0	0	0	0	0	0	0	1	1	1	1	1	1	1	1
z	1	1	1	1	1	1	1	1	1	1	1	1	1	1	1	1

A variável *z* recebe o valor 0b1111111111111111 (0xFFFF). ■

9.1.4 Operador ^ (Ou-exclusivo)

O **ou-exlusivo** (XOR) é uma operação não tão conhecida como as operações **AND**, **OR** ou **NOT**. O **XOR** verifica se os bits comparados são complementares (complemento de 1). Em caso afirmativo, o resultado é *true*, caso contrário, o resultado é *false*.

Vejamos o Exemplo 9.8.

Exemplo 9.8 — XOR. Determine o valor de *z*.

```
byte x = 0b11110000;
byte y = 0b10101010;
byte z = x^y;
```

	Nibble 2				Nibble 1			
x	1	1	1	1	0	0	0	0
y	1	0	1	0	1	0	1	0
z	0	1	0	1	1	0	1	0

O resultado de z será: 1011010_B ■

9.1.5 Deslocadores de bit

Neste caso temos os deslocadores de bit à esquerda ou à direita.

Operador » (deslocamento à direita)

Esse operador desloca um ou mais bits para a direita. Vejamos o Exemplo 9.9.

Exemplo 9.9 — Deslocamento à direita. Determine o valor de y e z.

```
unsigned x = 0b11110000;
unsigned y = x>>1; //y recebe x deslocado em 1 bit
unsigned z = x>>4; //y recebe x deslocado em 4 bits
```

Os valores das variáveis serão:
$y = 0b1111000$
$z = 0b1111$ ■

Operador « (deslocador à esquerda)

Esse operador desloca um ou mais bits para a esquerda. Vejamos o Exemplo 9.10.

Exemplo 9.10 — Deslocamento à esquerda. Determine o valor de y e z.

```
unsigned x = 0b1111;
unsigned y = x<<1;
unsigned z = x<<4;
```

Os valores das variáveis serão:
$y = 0b11110$
$z = 0b11110000$ ■

9.2. Operadores relacionais

Os operadores relacionais são utilizados para comparar valores. O resultado é um valor booleano, ou seja, para uma variável booleana, os valores possíveis são **Verdadeiro** (*true*) ou **Falso** (*false*). Para variáveis não booleanas, os valores recebidos são 1 (para valores **verdadeiros**) ou 0 (para valores **falsos**). São mostrados a seguir.

9.2.1 Operador == (Igualdade)

Este operador compara dois valores e retorna *true* caso os valores comparados sejam iguais, ou retorna *false* caso os valores sejam diferentes. No Exemplo 9.11, em que os comentários descrevem-no em cada linha do programa, vemos o operador de igualdade.

Exemplo 9.11 — Operador de igualdade. Determine o valor de *z* e de *k*.

```
boolean z, k;  // Declarando duas variaveis booleanas
int x, y;      // Declarando duas variaveis inteiras
x = 200;       // x recebe 200
y = 200;       // y recebe 200
z = (x==y);    // x igual a y, logo z = true
y++;           // y igual a 201
k = (x==y);    // x diferente de y, logo k = false
```

A variável *z* receberá *true*. Já a variável *k* receberá *false*. ■

Vejamos o Exemplo 9.12.

Exemplo 9.12 — Operador de igualdade. Determine o valor de *z*.

```
int x = 3;
int y = 3;
int z = (x==y); //z recebe 1, pois x = y
```

Como *x* é igual a *y*, a variável *z* recebe o valor 1 (correspondente ao valor lógico *true*). ■

9.2.2 Operador != (Diferente)

Este operador verifica se os valores testados não são iguais. Caso os valores não sejam iguais, retornará o valor *true*. Caso os valores sejam iguais, retornará o valor *false*.

Vejamos o Exemplo 9.13.

Exemplo 9.13 — Operador de diferenças. Determine o valor de z.

```
int x = 3;      // Declara x, atribuindo-lhe o valor 3
int y = 3;      // Declara y, atribuindo-lhe o valor 3
boolean z = (x!=y);
```

A variável z receberá o valor lógico *false*, pois 3 não é diferente de 3. ■

9.2.3 Operador < (Menor)

O teste lógico $<$ verifica se o valor à esquerda do operador é menor do que o valor à direita. Caso seja menor, retorna o valor lógico *true*, mas se for maior ou igual, retorna o valor lógico *false*.

Exemplo 9.14 — Operador Menor. Determine o valor de z.

```
int x = 3;
int y = 3;
boolean z = (x<y);
```

A variável z receberá o valor lógico *false*, pois x não é menor do que y. ■

Vejamos, agora, o Exemplo 9.15.

Exemplo 9.15 — Operador Menor. Determine o valor de z.

```
int x = 3;
int y = 4;
boolean z = (x<y);
```

A variável z receberá o valor lógico *true*, pois o valor de x é menor do que y. ■

9.2.4 Operador > (Maior)

Este operador é parecido com o anterior, mas neste caso, o teste lógico verifica se o valor à esquerda do operador é maior do que o da direita. Se maior, o teste lógico retornará *true*, se for menor ou igual, retornará *false*.

Vejamos o Exemplo 9.16, em que repetimos o algoritmo anterior, com apenas a modificação do operador.

Exemplo 9.16 — Operador Maior. Determine o valor de z.

```
int x = 3;
int y = 4;
boolean z = (x>y); //como x e menor do que y, z = false
```

A variável z receberá o valor lógico *false*. ■

9.2.5 Operador <= (Menor ou igual)

Este operador lógico verifica se o valor à esquerda do operador é menor ou igual ao valor da direita. Se o valor da esquerda for menor ou igual ao da direita, retornará *true*. Se o valor da esquerda for maior, retornará *false*.

Exemplo 9.17 — Operador Menor ou Igual. Determine o valor de z.

```
int x = 3;
int y = 3;
boolean z = (x<=y);
```

Como x é igual a y, a variável z recebe o valor lógico *true*. ■

9.2.6 Operador >= (Maior ou igual)

Este operador verifica se o valor à esquerda do operador é maior ou igual ao valor da direita. Caso o valor da esquerda seja maior ou igual ao valor da direita, retornará o valor *true*. Caso o operador da esquerda seja menor do que o da direita, retornará o valor *false*.

Exemplo 9.18 — Operador Maior ou igual. Determine o valor de z.

```
int x = 3;
int y = 3;
boolean z = (x>=y);
```

z receberá o valor lógico *true*. ■

9.2.7 Operador ! (Não)

Este operador também é conhecido como *NOT*, pois inverte o estado do *bit*.

Exemplo 9.19 — Operador NOT. Determine o valor de *z*.

```
boolean x = true;
boolean z = !x;
```

z recebe o valor lógico *false*. ■

Cuidado ao utilizar o operador **NOT** para variáveis não booleanas (aquelas com mais de 1 bit), uma vez que as mesmas assumem o valor lógico *false* apenas quando o seu valor é 0; por outro lado, o valor lógico *true* é assumido quando o valor da variável é diferente de zero.

Vejamos, agora, a operação *NOT* com variáveis que não sejam booleanas, vista no Exemplo 9.20.

Exemplo 9.20 — Operador NOT. Determine o valor de *z* e de *w*.

```
byte x = 10;
byte y = 0;
boolean z, w;
z = !x;        // z recebe NAO x
w = !y;        // w recebe NAO y
```

A variável *z* receberá o valor lógico *false*, haja vista que o valor lógico de *x* é igual a *true* (pois a variável *x* recebeu um valor diferente de zero). Na mesma linha de raciocínio, a variável *w* receberá o valor lógico *true*, uma vez que foi atribuído à variável *y* o valor lógico *false*, haja vista que o seu valor é zero. ■

9.2.8 Operador && (E)

Este operador lógico realiza a operação lógica *AND* entre dois valores. Caso seja realizada a operação entre dois valores numéricos, se o valor da variável for diferente de zero, será entendido como valor *true*; caso contrário, o valor lógico considerado será *false*.

Vejamos o Exemplo 9.21, em que os valores das variáveis numéricas *x* e *y* são diferentes de zero.

Exemplo 9.21 — Operação AND. Determine o valor de *z*.

```
int x = 6;
int y = 3;
boolean z = (x&&y); //o resultado sera booleano
```

A operação *AND* entende cada uma das variáveis *x* e *y* assumindo o valor lógico *true*, pois são valores diferentes de zero. Logo, o valor de *z* é *true*. ■

Podemos também trabalhar com apenas variáveis lógicas, como no Exemplo 9.22.

Exemplo 9.22 — Operação AND. Determine o valor de *z*.

```
boolean x = true;
boolean y = false;
boolean z = (x&&y); //o resultado sera booleano
```

Pode-se realizar a operação com apenas o **Operador bit a bit** (&), uma vez que as variáveis booleanas possuem apenas 1 bit. ■

9.2.9 Operador | | (Ou)

Este operador realiza a operação lógica *OR*.

Exemplo 9.23 — Operação OR. Determine o valor de *z*.

```
boolean x = true;
boolean y = false;
boolean z = (x||y); //Operacao OR
```

A variável *z* receberá o valor lógico *true*. ■

9.3. Operadores algébricos

SÃO operadores que retornam valores que não sejam booleanos. As operações algébricas são mostradas a seguir.

9.3.1 Operador ++ (Incremento)

Esta operação incrementa a variável em 1 unidade. São duas formas de utilização. Vejamos o código a seguir.

Operador de incremento

```
x++; //Ha o incremento de x
++y; //Ha o incremento de y
```

Quando utilizados nas formas do código mostrado acima, o resultado é o mesmo, ou seja, há o incremento em uma unidade das variáveis x e y. Entretanto, podem ser utilizadas para atribuir valores a outra variável antes ou após o incremento, como visto a seguir.

variavel++

O incremento é realizado após a atribuição à variável. Seja o Exemplo 9.24.

Exemplo 9.24 — Incremento. Determine o valor de y.

```
int x,y;
x = 10;
y = x++;
```

A variável y recebe o valor da variável x antes que esta seja incrementada. Após a atribuição à variável y, a variável x será incrementada. Como resultado, temos: $y = 10; x = 11$. ■

++variavel

O incremento é realizado antes de atribuir o valor à variável. Seja o Exemplo 9.25.

Exemplo 9.25 — Incremento. Determine o valor de y.

```
int x,y;
x = 10;
y = ++x;
```

A variável y somente recebe o valor da variável x após o incremento desta. Como resultado, temos: $y = 11; x = 11$. ■

9.3.2 Operador -- (Decremento)

Esta operação decrementa a variável em 1 unidade. As duas formas de operação são mostradas no código a seguir.

Operador de decremento

```
x--; // a variavel x e decrementada
--y; // a variavel y e decrementada
```

variavel--

O decremento é realizado após a atribuição à variável. Seja o Exemplo 9.26.

Exemplo 9.26 — Decremento. Determine o valor de x e de y.

```
int x,y;
x = 10;
y = x--;
```

A variável y recebe o valor da variável x antes que esta seja decrementada. Após a atribuição à variável y, a variável x é decrementada. Como resultado, temos:

$y = 10$;

$x = 9$. ■

--variavel

O decremento é realizado antes da atribuição à variável. Seja o Exemplo 9.27.

Exemplo 9.27 — Decremento. Determine o valor de x e de y.

```
int x,y;
x = 10;
y = --x; // y recebe x apos decrescimo deste
```

A variável y recebe o valor da variável x após o decremento desta. Como resultado, temos:

$y = 9$;

$x = 9$. ■

9.3.3 Operador + (Adição)

A adição é simbolizada por "+". Pode ocorrer o comando "+=", como visto no Exemplo 9.28.

Exemplo 9.28 — Adição. Determine o valor de z.

```
int x = 255;
int y = -100;
z = x + y;
z += 10; //corresponde a z = z+10
```

O resultado será 165. ■

9.3.4 Operador - (Subtração)

A subtração é simbolizada por "–". Pode ser também -=".

Veja o Exemplo 9.29.

Exemplo 9.29 — Subtração. Determine o valor de *z*.

```
int x = 255;
int y = -100;
z = x - y;
z -= 10; //corresponde a z = z-10
```

O resultado será 345. ■

9.3.5 Operador * (Multiplicação)

A multiplicação é simbolizada por "*"ou por "*=". Devido ao fato do ponteiro também ser simbolizado da mesma forma, devemos ter o cuidado em diferenciá-los no momento das operações. Os ponteiros serão discutidos no Capítulo 12. Vejamos um caso de multiplicação, mostrado no Exemplo 9.30.

Exemplo 9.30 — Subtração. Determine o valor de *z*.

```
int x,y,z;
x = 10;
y = 20;
z = x*y;   //multiplicacao
z *= 2; //corresponde a z = z*2
```

A variável *z* recebe o valor de 400. ■

9.3.6 Operador / (Divisão)

A divisão é simbolizada por "/"ou por "/=". Nas variáveis inteiras, e em pontos flutuantes, pode haver algumas diferenças nos resultados das operações, pois as variáveis inteiras apenas recebem a parte inteira da divisão. Vejamos o

Exemplo 9.31.

Exemplo 9.31 — Divisão. Determine o valor de z.

```
int x,y,z;
x = 21;
y = 2;
z = x/y;   //z = 10
z /= 2; corresponde a z = z/2
```

A variável z recebe 5. ■

Vejamos um código semelhante, em que a diferença consiste na mudança do tipo de variável, desta vez, com *float*, mostrado no Exemplo 9.32.

Exemplo 9.32 — Divisão. Determine o valor de z.

```
float x,y,z;
x = 11;
y = 2;
z = x/y;
```

z recebe 5,5. ■

9.3.7 Operador % (Resto de divisão)

Este operador retorna o resto da divisão de duas variáveis inteiras. Vejamos o Exemplo 9.33.

Exemplo 9.33 — Resto. Determine o valor de z.

```
int x,y,z;
x = 11;
y = 2;
z = x % y;
```

O resto da divisão de 11 por 2 é $z = 1$. ■

9.4. Problemas

Problema 9.1 Identifique o valor das variáveis após a execução do algoritmo:

```
int x,y,z;
x = 100;
y = x++;
z = ++x;
```

Problema 9.2 Identifique o valor das variáveis após a execução do algoritmo:

```
byte x,y,z;
x = 255;
y = --x;
z = x--;
```

Problema 9.3 Identifique o valor das variáveis após a execução do algoritmo:

```
int x,y,z;
x = 101;
y = 100;
z = x*y/(x+y);
```

Problema 9.4 Identifique o valor das variáveis após a execução do algoritmo:

```
int k,x,y,z;
x = 100;
y = 2;
z = x/y;
k = x%y;
```

Problema 9.5 Identifique o valor das variáveis após a execução do algoritmo:

```
byte k,x,y,z;
x = 0xAF;
y = 0xFA;
z = x&y;
k = x&&y;
```

Problema 9.6 Identifique o valor das variáveis após a execução do algoritmo:

```
byte k,x,y,z;
x = 0xAF;
y = 0xFA;
z = ~x;
k = !y;
```

Problema 9.7 Identifique o valor das variáveis após a execução do algoritmo:

```
byte x = 30;
byte y = 55;
int z;
z = x^y;
```

Problema 9.8 Identifique o valor das variáveis após a execução do algoritmo:

```
byte x = 10;
byte y = 10;
boolean z;
z = (x>y--);
```

Problema 9.9 Identifique o valor das variáveis após a execução do algoritmo:

```
byte x = 10;
byte y = 10;
boolean z;
z = (x>--y);
```

10 Condicionais

SÃO recursos de programação que permitem a tomada de decisões a partir da comparação entre dois ou mais valores, permitindo ao microcontrolador processar os dados de saída em virtude dos dados de entrada.

Este capítulo apresenta as condicionais da linguagem C. Elas são fundamentais na elaboração de algoritmos em seus projetos. À medida em que estudá-los, você conseguirá desenvolver algoritmos com mais eficiência e complexidade.

10.1. A Condicional *if*

É a condicional mais simples e uma das mais utilizadas. Ela permite ao programa tomar uma decisão a partir de um teste lógico. Existem duas variações da condicional *if*.

A primeira vertente é traduzida pela seguinte frase:

***Se** a condição for **verdadeira**, então faça isso.*

A segunda vertente é traduzida pela seguinte frase:

***Se** a condição for **verdadeira**, então faça isso, **senão**, faça aquilo.*

As duas serão vistas a seguir.

10.1.1 O *if*

A condicional *if* mais simples é mostrada no código a seguir.

IF simples

```
if(condicao){
  //Faca alguma coisa aqui se a condicao for verdadeira
}
```

Neste caso, se o teste lógico for verdadeiro, serão executadas as instruções dentro da condicional **if**. Se a condição for falsa, a CPU não processará as instruções dentro da condicional.

Vejamos o Exemplo 10.1.

Exemplo 10.1 — Condicional IF. Verifique qual deverá ser a condição para que o LED acenda.

```
void setup(){
  pinMode(13,OUTPUT);
  pinMode(7,INPUT);
  digitalWrite(13,LOW);
}
void loop(){
  boolean x = digitalRead(7);
  if(x==HIGH){
    digitalWrite(13,HIGH);
  }
}
```

O LED acenderá se a leitura do pino 7 for lógico alto. ∎

No Exemplo 10.1, **setup** configura o pino 13 como saída e o pino 7 como entrada. O **loop** lê o valor digital do pino 7, acionando o LED do pino 13, caso a leitura do pino de entrada seja *HIGH*. Após o acionamento do LED, não se pode mais desligá-lo, mesmo se a leitura do pino 7 for *LOW*.

10.1.2 O *if-else*

No código anterior, para que o acionamento do LED do pino 13 acompanhe a leitura do pino 7, teremos que usar o *if-else*, ou seja, a estrutura mostrada no código a seguir:

IF-ELSE

```
if(condicao){
  //Faca alguma coisa aqui se a condicao for verdadeira
}else{
  //Faca alguma coisa se a condicao for falsa
}
```

Vejamos o Exemplo 10.2.

Exemplo 10.2 — Condicional IF-ELSE. Determine como o LED acenderá e apagará.

```
void setup(){
  pinMode(13,OUTPUT);
  pinMode(7,INPUT);
}
void loop(){
  boolean x = digitalRead(7);
  if(x==HIGH){
    digitalWrite(13,HIGH);
  }else{
    digitalWrite(13,LOW);
  }
}
```

O LED acompanhará o estado do pino 7. ■

Analisando o Exemplo 10.2, note que no **setup** retiramos o comando para desligar o pino 13, uma vez que este é desligado ou ligado em **loop**. Dessa maneira, o LED pode ser ligado ou desligado, acompanhando o estado do pino 7.

10.2. A Condicional *while*

O laço **while** se parece um pouco com o **if** simples (aquele sem o **else**); entretanto, é executado num ciclo enquanto a condição de teste for verdadeira. O código a seguir ilustra o formato do laço.

WHILE

```
while(condicao){
  //executa enquanto a condicao for verdadeira
}
```

Para entender, passo a passo, como funciona o **while**, vamos mostrar o Exemplo 10.3.

Exemplo 10.3 — Condicional WHILE. Explique o funcionamento do código a seguir.

```
void setup(){
  pinMode(13,OUTPUT);
  pinMode(7,INPUT);
  digitalWrite(13,LOW);
}
void loop(){
  while(digitalRead(7)==HIGH){
    digitalWrite(13,HIGH);
    delay(500);
    digitalWrite(13,LOW);
    delay(500);
  }
}
```

Enquanto o pino 7 estiver em *high*, o LED funcionará como pisca-pisca. ■

No algoritmo do Exemplo 10.3, quando o pino 7 é setado em *HIGH*, o LED funciona como pisca-pisca. Ao liberar o pino 7, o pisca-pisca é desligado.

Outro algoritmo é mostrado no Exemplo 10.4.

Exemplo 10.4 — Condicional WHILE. Qual será o valor de *cont* após passar pelo **while**.

```
int cont;
void setup(){
  cont = 0;
}
void loop(){
  while(cont<5){
    cont++;
  }
}
```

Ao sair de **while** o valor de *cont* será 5. ■

No Exemplo 10.4, notamos que neste algoritmo o **while** foi executado cinco vezes e, na tentativa da sexta vez, a condicional é falsa, pois o valor da variável *cont* é 5, e não passa no teste, pois 5 não é maior do que 5.

10.3. A Condicional *for*

O laço **for** é parecido com o **while**, salvo que é um **loop** de incremento pré-programado. Dessa forma, ao escrever o comando, é obrigatório escrever o incremento e o valor em que a contagem será finalizada. A notação do laço é mostrada no código a seguir.

FOR

```
for(valor inicial; teste logico; incremento)
{
  //algoritmo
}
```

Vejamos o Exemplo 10.5.

Exemplo 10.5 — Laço FOR. Quais serão os valores impressos de *i* e *cont*?

```
void setup() {
  Serial.begin(115200);
  int cont = 0;
  for(int i = 0; i<5; i++){
    cont+=i;
    Serial.print(i);
    Serial.write(9);
    Serial.println(cont);
  }
}
void loop() {
  // put your main code here, to run repeatedly:
}
```

Os valores impressos pelo Monitor Serial são mostrados a seguir:

i	cont
0	0
1	1
2	3
3	6
4	10

A variável *i* inicializa-se com o valor 0 e é incrementado com o valor 1, até atingir o valor 5, quando então sai do laço, por não mais passar no teste lógico. ■

10.4. A Condicional *do...while*

O laço **do...while** diferencia-se do laço **while** pelo fato de testar a condição somente após passar uma vez pelo laço. A notação do **do...while** é mostrada no código a seguir.

DO...WHILE

```
do{
  //executa antes de testar a condicao
}while(condicao);
```

Para entender passo a passo como funciona o **do...while**, vamos mostrar o Exemplo 10.6, a seguir:

Exemplo 10.6 — DO...WHILE. Qual é o valor de *x* após a execução do código?

```
int x = 10;
do{
  x += 10;
}while(x < 1); //aqui havera o teste logico
```

Após a execução, *x* receberá 20. ∎

No Exemplo 10.6, a variável *x* iniciou o algoritmo com o valor 10 e finalizou com o valor 20. Note que independentemente do valor inicial de *x*, sempre haverá pelo menos uma passagem pelo **do...while**, pois o teste lógico apenas é realizado após a passagem do laço.

10.5. A Condicional *switch case*

ESTA condicional é utilizada para verificar caracteres ou números inteiros. O **switch case** pode ser utilizado quando uma variável do tipo inteiro é comparada mais de uma vez, em que se usaria o **if-else** em cada comparação, como no código seguinte.

Usando IF-ELSE como SWITCH-CASE

```
//variavel deve ser de um tipo byte, char, ou inteiro
if(variavel==0){
  //Codigo para variavel = 0
}else{
  if(variavel==1){
    //Codigo para variavel = 1
    }else{
    //Codigo para variavel diferente de 0 e 1
  }
}
```

É uma condicional menos utilizada do que o **if**, e por isso devemos ter alguns cuidados ao utilizá-la. A estrutura da condicional **switch**, utilizando uma variável que trabalhe com caractere, é mostrada no código a seguir.

SWITCH-CASE

```
//variavel deve ser de um tipo byte, char, ou inteiro
switch(variavel){
  case 0:
    //Codigo para variavel = 0
    break;
  case 1:
    //Codigo para variavel = 1
    break;
  default:
    //Codigo para variavel diferente de 0 e 1
}
```

Cada instrução **case** existente na condicional **switch** é utilizada para diferenciar os valores de teste da variável testada. Se o valor contido na variável for diferente de qualquer um dos **cases** testados, a condicional **switch** entrará no bloco **default**.

Vejamos o Exemplo 10.7, em que o valor de *x* é 5, que será verificado no bloco **switch case**. A variável *x* será testada, comparada aos valores inteiros de 1 a 3.

Exemplo 10.7 — O switch case. Qual será a mensagem impressa no Monitor Serial?

```
int x = 5;
switch(x){
  case 1: Serial.print("Numero 1");
    break;
  case 2: Serial.print("Numero 2");
    break;
  case 3: Serial.print("Numero 3");
    break;
  default: Serial.print("Nao encontrado");
}
```

A variável *x* contém o valor 5.
Como os testes são apenas para os valores 1, 2, e 3, a instrução **switch** entrará no bloco **default**, imprimindo a mensagem: **Nao encontrado.** ■

Vejamos, agora, o Exemplo 10.8. Neste exemplo, modificamos apenas o valor em que a variável x recebe. No seguinte caso, a variável será 2.

Exemplo 10.8 — O switch case. Qual será a mensagem impressa no Monitor Serial?

```
int x = 2; \\modificamos o valor de x para 2.
switch(x){
  case 1: Serial.print("Numero 1");
    break;
  case 2: Serial.print("Numero 2");
    break;
  case 3: Serial.print("Numero 3");
    break;
  default: Serial.print("Nao encontrado");
}
```

A mensagem que aparecerá na tela do computador será **Numero 2.** ■

No Exemplo 10.7 e no Exemplo 10.8, mudamos apenas o valor de x. Todavia, se retirarmos a instrução **break** que se encontra abaixo de cada linha com **case**, veremos que serão executadas todas as linhas de comando até a linha **default**.

Vejamos o Exemplo 10.9, em que $x = 2$; neste caso, a instrução **switch case** será executada a partir da linha 4 (em que se compara $x = 2$) e irá parar sua execução até a linha 5, imprimindo as mensagens dos **cases** em seguida.

Exemplo 10.9 — O switch case. Qual será a mensagem impressa no Monitor serial?

```
1 int x = 2;
2 switch(x){
3   case 1: Serial.print("Numero 1");
4   case 2: Serial.print("Numero 2");
5   case 3: Serial.print("Numero 3");
6   default: Serial.print("Nao encontrado");
7 }
```

Sem a instrução **break**, serão executados todos os **cases** a partir do **case** em que a comparação foi válida (2 = 2). A mensagem que aparecerá no computador será:

Numero 2Numero 3. ■

Uma aplicação importante do **switch case** é no desenvolvimento de protocolos de comunicação serial. Vejamos o Exemplo 10.10. Note, entretudo, a possibilidade da utilização de caracteres em cada **case**, bem como a ausência de

default. Neste exemplo, cria-se um protocolo serial para ligar e desligar 2 LEDs.

Uma atenção especial deve ser dada à instrução **break**. Esta instrução finalizará a condicional **switch**, sem a qual continuará executando todos os demais **cases** abaixo até chegar à instrução **default**, na qual finalizará a condicional.

Exemplo 10.10 — O switch case. Criando um protocolo serial para ligar e desligar LEDs.

```
pinMode(13,OUTPUT);
pinMode(12,OUTPUT);
//Recebendo um dado serial (variavel x)
switch(x){
  case 'a': digitalWrite(13,HIGH);
    break;
  case 'b': digitalWrite(13,LOW);
    break;
  case 'c': digitalWrite(12,HIGH);
    break;
  case 'd': digitalWrite(12,LOW);
}
```

Ao receber o caractere **a**, o Arduino acionará o pino 13.
Ao receber o caractere **b**, o pino 13 será desligado.
De modo análogo, ao receber o pino **c**, o Arduino ligará o pino 12 e, ao receber o caractere **d**, irá desligá-lo.
Se qualquer outro caractere for enviado, nada ocorrerá. ■

10.6. Problemas

Problema 10.1 Determine o valor de x após a seguinte operação:

```
int x = 3;
int y = 10;
x += y;
x--;
```

Problema 10.2 Determine o valor que será impresso na porta serial após a seguinte operação:

```
int x = 0;
int y = 0b10;
x += y + 10;
if(x==20){
  Serial.println("x igual a 20");
}else{
  Serial.println("x diferente de 20");
}
```

Problema 10.3 Determine o valor de x após a seguinte operação:

```
int x = 0;
int y = 0;
while(y<5){
  y++;
  x = 2*x+1;
}
```

Problema 10.4 Determine o valor de x após a seguinte operação:

```
int x = 0;
int y = 0;
while(y<5){
  y++;
  x = 2*x+y;
}
```

Problema 10.5 Determine o valor de x após a seguinte operação:

```
int x = 15;
do{
  x++;
}while(x<10);
```

Problema 10.6 Determine o valor de x após a seguinte operação:

```
int x = 0;
for(int i=0;i<3;i++){
  for(int j=0;j<3;j++){
    x+=i+j;
  }
}
```

IV Programação II

11 Funções

Num programa escrito para o Arduino, o compilador procura por duas funções principais: **setup** e **loop**. Todavia, assim como na linguagem C, quando necessário, podemos declarar outras funções.

Em C, temos funções que retornam valores e funções que não retornam valores. Em outras linguagens, funções são aquelas que retornam valores e procedimentos (ou sub-rotinas) são aqueles que não retornam valores.

O desenvolvimento de funções específicas ajudam a otimizar o seu algoritmo, deixando-o mais claro, eliminando a repetição desnecessária de códigos. Isso, além de deixar o algoritmo mais fácil de entender, otimiza os recursos de hardware, como a memória FLASH.

11.1. void *setup*

Setup é a função usada para configurar o hardware ao ligar o Arduino ou ao apertar o botão *reset*. Nela, podemos inicializar o canal serial, inicializar um LCD, definir pinos de entrada e de saída, definir o pino de controle de um servomotor, etc, como mostrado no código a seguir:

```
void setup(){
   Serial.begin(9600);      //Inicializa a Serial
   LCD.begin(16,2);         // Inicializa o LCD
   pinMode(13,OUTPUT);      // Define o pino 13 como saida
   pinMode(12,INPUT);       // Define o pino 12 como entrada
   myservo.attach(9);       // o pino 9 controla o servo
}
```

11.2. void *loop*

Esta é a função principal, que será executada logo ao sair de **setup**. Lembre-se que esta função é, como o próprio nome diz, um *loop*, ou seja, um laço que se repete infinitamente até que o circuito seja desligado (ou quando apertar o botão *reset*).

Nesta função podemos ligar e desligar os pinos de saída, ler os pinos de entrada, ler os dados do conversor A/D, acionar as saídas PWM, enviar ou ler dados pela serial, etc.

11.3. Protótipo de função

TRATA-se da declaração de uma função ou de um procedimento. O protótipo de uma função ou de um procedimento não é obrigatório, mas informa ao compilador (e até mesmo ao programador) quais são as funções que existem no programa e quais são os parâmetros repassados em cada função ou procedimento. Vejamos o Exemplo 11.1.

Exemplo 11.1 — Protótipo de uma função. Inserindo uma função soma de duas variáveis.

```
int soma(int A, int B);  //Prototipo de uma funcao
void setup(){
  Serial.begin(9600);
}
void loop(){
  int x = 200;
  int y = 150;
  int z = soma(x,y);
  Serial.println(z);
}
int soma(int A, int B){   //Corpo da funcao
  return(A+B);
}
```

■

No Exemplo 11.1, através do protótipo de função, o programador identifica com facilidade que há a função **soma** e que existem dois parâmetros que devem ser repassados.

11.4. Chamada de função

PODEMOS, com o IDE do Arduino, sempre que necessário, realizar chamadas de funções, assim como ocorre em qualquer outra linguagem de programação. Fazemos isso para deixar o código mais organizado, evitando linhas de código repetidas durante o programa.

Um exemplo de função pode ser o cálculo da média de dois números, como mostrado no Exemplo 11.2.

Exemplo 11.2 — Chamada de uma função. Crie uma função que calcule a média de dois números.

```
int Media(x,y);              //Prototipo da funcao
void setup(){
  Serial.begin(9600);
}
void loop(){
  int a = 15;
  int b = 20;
  int z;
  z = Media(a,b);            //Chamada da funcao
  Serial.println(z);
  delay(1000);
}
int Media(x,y){              //Corpo da funcao
  result = (x + y)/2;
}
```

■

11.5. Outras funções

EXISTEM funções prontas para serem utilizadas pelo IDE do Arduino. Elas podem ser encontradas em `arduino.cc`. A seguir veremos alguns:

11.5.1 sq(Valor)

Esta função retorna o quadrado de um número. Vejamos o Exemplo 11.3.

Exemplo 11.3 — sq. Determine o quadrado de x.

```
float x,y;
x = 10;
y = sq(x);
```

O valor de y será 100,00. ■

11.5.2 sqrt(Valor)

Esta função retorna a raiz quadrada de um número, como mostrado no Exemplo 11.4.

Exemplo 11.4 — sqrt. Determine a raiz quadrada de x.

```
float x, y;
x = 500;
y = sqrt(x);
```

O resultado de y será 22,36. ■

11.5.3 delay(tempo)

Esta função de espera utiliza o tempo, em milissegundos. O **delay** é utilizado quando alguns processos precisam de aguardar um certo tempo para finalizar antes que o algoritmo continue sendo utilizado. Veja o Exemplo 11.5.

Exemplo 11.5 — delay. Escreva o comando que realize uma espera de 1 segundo.

```
delay(1000);   //Espera 1000 ms, ou 1s
```

■

Outro comando de espera é mostrado a seguir.

11.5.4 delayMicroseconds(tempo)

Esta função aguarda o tempo desejado, em microssegundos. É importante quando se necessita de esperas muito rápidas. Vejamos o Exemplo 11.6.

Exemplo 11.6 — delayMicroseconds. Escreva o comando que realize uma espera de 400 microssegundos.

```
delayMicroseconds(400);   //espera 400 us
```

■

11.5.5 map(variavel, Amin, Amax, Nmin, Nmax)

Esta função retorna um valor proporcional à nova escala. Seja a variável contendo um valor entre **Amin** e **Amax**, a função retorna um valor proporcional à nova escala (**Nmin** e **Nmax**).

Esta função é usada no exemplo do servo, que converte valores entre 0 e 1023 (valor lido pelo conversor A/D) para valores entre 0 e 179), como visto no Exemplo 11.7.

Exemplo 11.7 — map. Adeque uma variável que se encontre numa escala de 0 a 1023 para a escala de 0 a 179.

```
int x, y;
x = 700;
y = map(x,0, 1023, 0, 179);
Serial.println(y);
```

O valor impresso pela serial é 122. ■

11.5.6 pow(base, expoente)

Retorna a potência de um número. São repassados dois parâmetros. O primeiro parâmetro é a base, o segundo é o expoente. Vejamos o Exemplo 11.8.

Exemplo 11.8 — pow. Realize o cálculo de 4^5.

```
void setup(){
  float x,y,z;
  x = 4;
  y = 5;
  z = pow(x,y);
  Serial.begin(9600);
  Serial.print(z);
}

void loop(){

}
```

O resultado impresso pela Serial será 1024.00 ■

11.5.7 tone(pino, frequência)

Gera uma onda quadrada na frequência especificada num pino específico. A onda gerada possui um ciclo de trabalho de 50%, ou seja, metade do tempo estará ligado e a outra metade, desligado. Esta função só pode ser usada em um pino por vez. Para que outro pino gere onda quadrada, o pino anterior deverá ser desativado através do comando **noTone(pino)**.

O uso da função *tone* compromete o funcionamento do sinal PWM dos pinos 3 e 11. A menor frequência é 31 Hz. Logo, é uma função que deve ser utilizada em casos específicos.

Exemplo 11.9 — tone. Comandos para o comando **tone**.

```
int pino = 3;  //pino
unsigned int frequencia = 500;  //Frequencia, em Hz
tone(pino, frequencia);
```

■

Para evitar a utilização desta função, pode-se utilizar um sinal PWM em 50% (valor 127) para substituir esta função. Entretanto, caso utilizar o PWM, você não poderá alterar (facilmente) a frequência do sinal, utilizando a frequência específica do sinal PWM do Arduino. O procedimento **tone** também pode ter uma duração definida, como mostrado no Exemplo 11.10.

Exemplo 11.10 — tone. Comandos para o comando **tone**, com duração determinada.

```
    int pino = 3;  //pino
    unsigned int frequencia = 500;// em Hz
    unsigned long duracao = 50; //em milissegundos
    tone(pino, frequencia, duracao);

```

O pino realizará o pulso por 50 milissegundos, mantendo a saída desligada após esse intervalo. ■

11.5.8 millis()

Esta função retorna o tempo, em milissegundos, desde que o Arduino foi ligado. O valor desta função estoura (*overflow*) em 50 dias, reiniciando em zero. Pode ser utilizado para medir intervalos de tempo. Vejamos o Exemplo 11.11, em que há o cálculo do tempo entre dois eventos, ocorridos em dois pinos.

Exemplo 11.11 — millis. Medindo intervalo de tempo entre dois eventos.

```
unsigned long int t_inicio, t_fim, intervalo;
byte estado = 0;
void setup(){
  pinMode(10,INPUT_PULLUP); // botao de INICIO
  pinMode(11,INPUT_PULLUP); // botao de FIM
  Serial.begin(9600);
}
```

```
void loop(){
  if(digitalRead(10)==0){ //0-apertado : 1-livre
    if(estado==0){
      t_inicio = millis();
      estado = 1;
    }
  }
  if(digitalRead(11)==0){ //0-apertado ; 1-livre
    if(estado==1){
      t_fim = millis();
      intervalo = t_fim - t_inicio;
      Serial.print("Intervalo ");
      Serial.print(intervalo);
      Serial.println(" ms");
      estado = 0;
    }
  }
}
```

■

O Exemplo 11.11 pode ser usado para medir o tempo em que algum objeto leva para sair de um ponto **A** (pino 10) e atingir um ponto **B** (pino 11). Inicia-se a contagem na mudança de estado do pino 10, de nível lógico alto para baixo. A contagem é finalizada com a mudança de estado do pino 11 de nível lógico alto para baixo.

11.5.9 micros()

Esta função retorna o tempo, em microssegundos, desde que o Arduino foi ligado. O valor desta função reinicia em 0 a cada 70 minutos. Vejamos o Exemplo 11.12, parecido com o anterior.

Exemplo 11.12 — micros. Medindo intervalo de tempo entre dois eventos.

```
//distancia em mm entre inicio e fim
const int DISTANCIA = 1000;
unsigned long int t_inicio, t_fim, intervalo;
byte estado = 0;
void setup(){
  pinMode(10,INPUT_PULLUP); //Botao INICIO
  pinMode(11,INPUT_PULLUP); //Sensor FINAL
  Serial.begin(9600);
}
```

```
void loop(){
  //0-Botao apertado ; 1-Botao livre
  if(digitalRead(10)==0){
    if(estado==0){
      t_inicio = millis();
      estado = 1;
    }
  }
  //0-Passou pelo sensor
  if(digitalRead(11)==0){
    if(estado==1){
      t_fim = millis();
      intervalo = t_fim - t_inicio;
      float aceleracao = (float)DISTANCIA/intervalo;
      Serial.print("Aceleracao ");
      Serial.print(aceleracao);
      Serial.println(" m/s^2");
      estado = 0;
    }
  }
}
```

■

Uma utilização prática da função **micros** poderá ser vista no Livro de Laboratório, em que há um capítulo que descreve a execução de um controlador CA-CA utilizando Arduino.

11.5.10 constrain(variável, mínimo, máximo)

Restringe um número para estar dentro de um intervalo. Vejamos Exemplo 11.13.

Exemplo 11.13 — constrain. Utilize a função que restrinja o valor lido para valores entre 5 e 100.

```
int valor;
valor = 0;
valor = constrain(valor, 5, 100);

```

Iniciamos a variável valor com o valor 0, mas limitamos essa variável para que apenas pudesse assumir valores entre 5 e 100; logo a variável foi forçada a se enquadrar neste intervalo, assumindo o valor 5. ■

11.5.11 sin(radiano)

Retorna o valor do seno de um ângulo, em radianos.

O ângulo deve ser uma variável do tipo *float*. A função **sin** retorna um valor entre -1 e 1, do tipo *double*. Para converter um ângulo, de graus para radianos, devemos usar a Equação 11.1.

$$Ang_{RAD} = Ang_{DEG} \cdot \frac{\pi}{180} \tag{11.1}$$

Vejamos o Exemplo 11.14, em que se calcula o seno de 60 graus.

Exemplo 11.14 — sin. Determine o seno de 60 graus.

```
void setup(){
  double valor;
  float angulo_graus;
  float angulo_radianos;
  //Vamos calcular o seno de 60
  angulo_graus = 60;
  angulo_radianos = angulo_graus*3.141592/180;
  valor = sin(angulo_radianos);
  Serial.begin(9600);
  Serial.print(valor);
}
void loop(){

}
```

O valor impresso pela Serial será 0,87. ■

No Exemplo 11.14, há a conversão de graus para radianos (ver Equação 11.1) e, logo após, o cálculo do seno.

11.5.12 cos(radiano)

Retorna o valor do cosseno de um ângulo, em radianos. O ângulo deve ser uma variável do tipo *float*. A função **cos** retorna um valor entre -1 e 1, do tipo *double*. Vejamos o Exemplo 11.15.

Exemplo 11.15 — cos. Converta um ângulo, de graus para radianos, determinando, em seguida, o cosseno desse ângulo.

```
void setup(){
  double valor;
  float angulo_graus;
  float angulo_radianos;
  //Vamos calcular o cosseno de 60
  angulo_graus = 60;
  angulo_radianos = angulo_graus*3.141592/180;
  valor = cos(angulo_radianos);
  Serial.begin(9600);
  Serial.print(valor);
}
void loop(){

}
```

O resultado impresso na Serial será 0,5. ■

11.5.13 tan(radiano)

Retorna o valor da tangente de um ângulo, em radianos. O ângulo deve ser uma variável do tipo *float*. A função **tan** retorna um valor entre os limites mínimo e máximo do tipo *double*. Veja o Exemplo 11.16.

Exemplo 11.16 — tan. Converta um ângulo, de graus para radianos, determinando, em seguida, a tangente desse ângulo.

```
void setup(){
  double valor;
  float angulo_graus;
  float angulo_radianos;
  //Vamos calcular a tangente de 60
  angulo_graus = 60;
  angulo_radianos = angulo_graus*3.141592/180;
  valor = tan(angulo_radianos);
  Serial.begin(9600);
  Serial.print(valor);
}
void loop(){

}
```

O resultado impresso pela Serial será 1,73. ■

11.5.14 abs(valor)

Retorna o módulo do valor. Veja o Exemplo 11.17.

Exemplo 11.17 — abs. Utilize a função que retorne o módulo de um número.

```
int x = -10;
x = abs(x);
```

O valor de *x* será +10. ■

11.5.15 min(x, y)

Retorna o menor número entre dois. Veja o Exemplo 11.18.

Exemplo 11.18 — min. Utilize a função que retorne o menor número.

```
int x = 10;
int y = 20;
int z = min(x,y);  //Retorna o menor numero entre dois
```

O valor de *z* será 10. ■

11.5.16 max(x, y)

Retorna o maior número entre dois. Veja o Exemplo 11.19.

Exemplo 11.19 — max. Utilize a função que retorne o maior número.

```
int x = 10;
int y = 20;
int z = max(x,y);  //Retorna o maior numero entre dois
```

O valor de *z* será 20. ■

11.5.17 pulseIn(pino, nlogico, tmaximo)

Retorna o comprimento de um pulso, em microssegundos. Se o pino estiver em nível lógico alto, esta função aguardará o pino ir para o nível lógico baixo, cronometrando o tempo em que este permanecerá neste nível até que retorne ao nível lógico alto, momento este em que a função retornará o intervalo de tempo em que o pino esteve em nível lógico baixo. Da mesma forma, se o pino estiver em nível lógico baixo, esta função aguardará o pino ir para o nível lógico alto, cronometrando o tempo em que este permanecerá em nível lógico alto até que volte ao nível lógico baixo.

Pode trabalhar com pulsos entre 10 μs a 3 minutos. Se exceder o tempo máximo, esta função retornará o valor 0.

É o comando utilizado pelo sensor ultrassônico HC-SR04, visto na Figura 11.1.

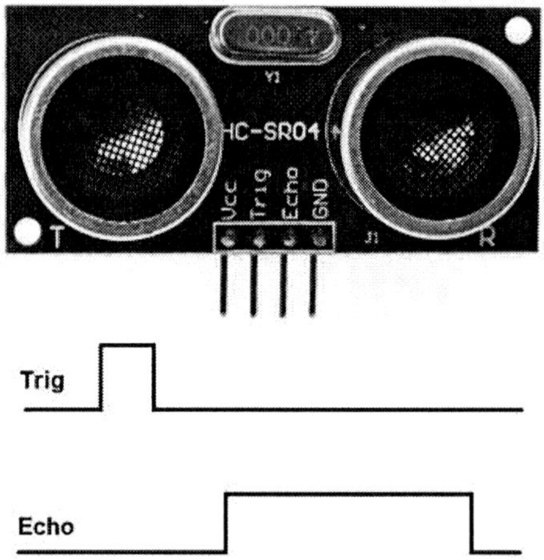

Figura 11.1: Sensor ultrassônico e a função **pulseIn**.

A variável que recebe o valor de **pulseIn** deve ser do tipo *unsigned long*.

Exemplo 11.20 — pulseIn. Utilize a função que retorne o módulo de um número.

```
unsigned long x;
//Limite de 100000 microssegundos
x = pulseIn(10,HIGH,100000);
```

Se o pulso for maior do que 100 *ms* (100.000 μs), a função retornará o valor 0. ■

Podemos utilizar a função sem o parâmetro de tempo máximo, como visto a seguir.

11.5.18 pulseIn(pino, nlogico)

A função **pulseIn** pode dispensar o parâmetro de tempo. No código a seguir, a variável *x* do tipo *unsigned long* recebe o intervalo de tempo do pulso aplicado no pino 10. Quando não é definido o tempo máximo, por padrão, este será definido como 1 segundo. Após esse tempo, a função retornará 0. Veja o Exemplo 11.21.

Exemplo 11.21 — pulseIn. Utilize a função que retorne o módulo de um número.

```
unsigned long x;
x = pulseIn(10, HIGH);
```

■

O Exemplo 11.22 mostra a utilização do HC-SR04 para medição de distância.

Exemplo 11.22 — pulseIn. Medindo a distância de objetos com o HC-SR04.

```
const int pinTrig = 9;
const int pinEcho = 10;
unsigned long tempo;
int distancia;
void setup() {
  pinMode(pinTrig, OUTPUT);
  pinMode(pinEcho, INPUT);
  Serial.begin(9600);
}
void loop() {
  digitalWrite(pinTtrig, LOW);
  delayMicroseconds(10);
  digitalWrite(pinTrig, HIGH);
  delayMicroseconds(10);
  digitalWrite(pinTrig, LOW);
  tempo = pulseIn(pinEcho, HIGH);
  distancia = tempo*0.034/2;
  Serial.print("Distancia: ");
  Serial.println(distancia);
}
```

■

11.5.19 F(String)

Esta função auxilia a gerenciar a utilização da memória RAM quando utilizamos variáveis do tipo **String**. Em vez de armazenar o texto na RAM, ao utilizarmos a função **F**, essas informações são armazenadas na memória Flash (memória de programa). O Exemplo 11.23 mostra duas variáveis do tipo *String*, uma que armazena o texto na Flash e outra, que armazena o texto na memória RAM.

Exemplo 11.23 — Função F. Armazenando texto na RAM e na Flash.

```
String texto1, texto2;
texto1 = F("Texto armazenado na memoria FLASH");
texto2 = "Texto armazenado na memoria RAM";
```

■

Uma vez que a memória Flash do Arduino Uno é maior do que a memória RAM, (32 kB de Flash e 2 kB de RAM para o Uno), devemos, sempre que possível, poupar a memória RAM. Para isso, podemos utilizar a função **F()**.

Devemos observar um detalhe, para que o texto seja armazenado na memória Flash, esse texto deverá ser estático, ou seja, não deve ser modificado.

11.5.20 sizeof(var)

É uma função que retorna o comprimento, em bytes, de uma variável. Também pode ser usada para determinar o comprimento de vetores. Desde que você saiba o tamanho do tipo do vetor, você pode identificar a dimensão do vetor. Por exemplo, se um vetor do tipo **byte** tiver dimensão 10, o retorno dessa variável será 10, pois possui 10 bytes. Por outro lado, se o vetor for do tipo **int**, essa função retornará o valor 20, por ocupar 20 bytes. Neste caso, basta dividir esse valor por 2 (pois a variável **int** possui 2 bytes), resultando na dimensão do vetor, no caso, 10.

Vejamos o Exemplo 11.24.

Exemplo 11.24 — sizeof. Determine o tamanho da variável x, ou seja, o valor armazenado em y.

```
byte x,y;
x = 100;
y = sizeof(x);
```

O retorno será 1. ■

O Exemplo 11.25 mostra o comprimento de uma variável **int** para o Arduino Uno (ou Mega 2560).

Exemplo 11.25 — sizeof. Determine o tamanho da variável x, ou seja, o valor armazenado em y.

```
int x,y;
x = 100;
y = sizeof(x);
```

O retorno será 2. ■

Por fim, vejamos um vetor. O Exemplo 11.26 mostra o número de bytes ocupados pelo vetor.

Exemplo 11.26 — sizeof. Determine o tamanho da variável *x*, ou seja, o valor armazenado em *y*.

```
    int vetor[10];
    y = sizeof(x);

```

O retorno será 20, para Arduino Uno e Mega 2560. ■

11.6. Problemas

Problema 11.1 Faça uma função que retorne a média de 3 números.

Problema 11.2 Desenvolva um algoritmo em C que: o pino 5 seja definido como entrada, com resistor de pull-up; o pino 13 seja definido como saída; ao ler o pino 5 e este esteja em nível HIGH, ligue o pino 13 por 5 segundos, desligando-o por 1 segundo; se o pino 5 estiver em LOW, ligue o pino 13 por 0,5 segundo e desligue-o por 0,5 segundo.

Problema 11.3 Calcule o valor das variáveis *x* e *y* de:

```
int x,y;
x = 200;
y = 20;
x = constrain(x, 50, 100);
y = constrain(y, 50, 100);
```

Problema 11.4 Calcule o valor das variáveis *x* e *y* de:

```
int x,y;
x = 500;
y = map(x, 0, 1000, 0, 200);
```

Problema 11.5 Encontre 7 erros de digitação no código a seguir:

```
void setup(){
  Serial.begin();
  Serial1.println("Iniciando");
  int x = 2;
  if (y == 2){
    Serial.println("X e igual a 2")
  }
}
void loop(){
  if x==2 {
    digitalWrite(13,HIGH)
  }
}
```

Problema 11.6 Determine o valor de *y* do código a seguir.

```
float x, y;
x = 3.1415;
y = sin(x);
```

Problema 11.7 Desenvolva um algoritmo que encontre o menor valor de um vetor de 100 posições.

Problema 11.8 Desenvolva uma algoritmo que encontre o menor, o maior e o valor médio de um vetor de 100 posições.

Problema 11.9 Utilize o Exemplo 11.14 para calcular o seno, cosseno e tangente dos ângulos, em graus, de 0 a 180.

Problema 11.10 Utilize o Algoritmo do Exemplo 11.11 para implementar um sistema que calcule a aceleração de um objeto, como uma esfera descendo em plano inclinado.

12 Programação avançada

NESTE capítulo veremos alguns tópicos complementares à Linguagem C que, uma vez dominados, contribuirão na execução de projetos mais elaborados, que exijam algoritmos mais complexos do que aqueles vistos até o momento.

12.1. Ponteiros

PONTEIROS são recursos de programação que otimizam o programa. Normalmente são usados em passagens de parâmetros para chamadas de funções ou de procedimentos, para economizar memória. Um ponteiro é declarado da mesma forma que uma variável, mas a diferença é que há um asterisco na frente da variável, como no código a seguir.

Criando ponteiros para variaveis de diferentes tipos

```
int *x;     //ponteiro para variavel do tipo int
char *y;    //ponteiro para variavel do tipo char
float *z;   //ponteiro para variavel do tipo float
```

Um ponteiro deve receber o endereço de uma variável. Para isso, devemos utilizar o símbolo &, que referencia o endereço atribuído à variável, como visto no Exemplo 12.1.

Exemplo 12.1 — Ponteiros. Criando um ponteiro para operação em variável.

```
int *ponteiro;
int variavel = 999;
ponteiro = &variavel;
// & atribui o endereco da variavel
(*ponteiro)++; //acrescenta-se 1 p/ a variavel apontada
```

O valor de *variavel* será 1000. ■

Um exemplo mais complexo com ponteiro pode ser visto no Exemplo 12.2.

Exemplo 12.2 — Ponteiros. Criando ponteiros para vetores.

```
1 int x[5];
2 int *p;
3 x[0] = 1;
4 x[1] = 3;
5 x[2] = 4;
6 x[3] = 5;
7 x[4] = 7;
8 p = &x[0]; //ponteiro recebe endereco de x[0]
9 p++; //incrementa o ponteiro, apontando p/ x[1]
10 (*p)++; //incrementa o valor apontado (x[1]=3+1=4)
```

Na linha 8, o ponteiro recebeu o endereço de *x[0]*. A operação na linha 9 realiza um acréscimo no endereço apontado, ou seja, agora o ponteiro aponta para a variável *x[1]*.

A operação na linha 10 realiza um incremento em *x[1]*, que passa a guardar o valor 4. ■

Vamos, neste momento, usar o ponteiro para operações com multiplicação. Tendo em vista que o operador de ponteiro é o mesmo da operação de multiplicação, vamos utilizá-los na mesma linha de código. Note que temos que usar parênteses para diferenciar ponteiro de multiplicação, visto no Exemplo 12.3.

Exemplo 12.3 — Ponteiros. Diferenciando o operador ponteiro de multiplicação.

```
int x,y,z,w;
int *pont;
pont = &x;
x = 10;
y = 20;
z = x*y;           //z recebe 10*20 = 200
w = y*(*pont);     //w recebe 20*10 = 200
```

■

12.2. Estruturas

ESTRUTURA é um recurso que encapsula mais de uma variável. Resumidamente, pode-se considerar a estrutura como um tipo de variável que contém internamente outros tipos de variáveis. Qualquer variável que esteja declarada internamente à estrutura deve ser modificada ou acessada referenciando-se à sua estrutura.

Exemplo 12.4 — Estruturas. Controle de velocidade de 2 motores usando variáveis.

```
//variaveis dos 2 motores
byte PWM1,PWM2
boolean sentido1, estado1, sentido2, estado2;

PWM1 = 100; //PWM motor 1
sentido1 = 0; //0->direto 1->inverso
estado1 = 0;  //0->deslidado  1->ligado
PWM2 = 200;  //PWM motor 2
sentido2 = 1; //0->direto 1->inverso
estado1 = 1;  //0->deslidado  1->ligado
```

■

Para compreender melhor a aplicabilidade das estruturas, vamos desenvolver um exemplo: suponha que você precise controlar a velocidade e o sentido de rotação de mais de um motor de corrente contínua. Para isso, precisamos de uma variável para armazenar o valor do PWM utilizado em cada motor. Outras variáveis necessárias ao controle do motor são: o sentido de rotação e o estado ligado ou desligado. Dessa forma, poderíamos declarar as variáveis destacadas no Exemplo 12.4. Nele, as variáveis $sentido1$ e $sentido2$ representam o sentido de giro de cada motor; $PWM1$ e $PWM2$ representam o valor da velocidade de cada motor e; $estado1$ e $estado2$ representam o estado (ligado ou desligado) de cada motor.

Se alguém for realizar alguma manutenção no programa, poderá ser difícil para o programador perceber que existem três variáveis $PWM1$, $sentido1$ e $estado1$ que controlam o motor 1 e outras 3 que controlam o motor 2. Uma forma mais compreensível para o programador é a utilização de estrutura (**struct**), que pode ser vista no Exemplo 12.5.

Exemplo 12.5 — Estrutura. Controle de velocidade de 2 motores usando **struct**.

```
typedef struct{
  byte PWM, sentido, estado;
}Tmotor;           // a estrutura se chama Tmotor
```

```
Tmotor motor1, motor2; //instancias do tipo Tmotor
motor1.PWM = 100;
motor1.sentido = 0;
motor1.estado = 0;
motor2.PWM = 200;
motor2.sentido = 1;
motor2.estado = 1;
```

■

Uma observação importante! As variáveis, dentro da estrutura, *sentido* e *estado* deveriam ser do tipo *boolean*, mas as estruturas em microcontroladores não aceitam variáveis menores de 8 bits. Por isso, são declaradas como **byte**.

12.3. União

A união (**union**) consiste em declarar diversos tipos de variáveis num mesmo espaço de memória. É um recurso que deve ser utilizado com bastante cautela, já que modificamos mais de uma variável, por ocuparem o mesmo endereço de memória. Ao declararmos uma **union**, devemos declarar a variável de maior comprimento primeiro, seguido das demais variáveis, em forma de vetores. Vejamos como funciona a **union** a partir do Exemplo 12.6.

Exemplo 12.6 — Union. Exemplo de **union**.

```
typedef union{
  int palavra;
  byte caracter[2];
} Tinteiro;
Tinteiro variavel;
variavel.palavra = 0xABCD;
```

$variavel.caracter[0] = 0xCD$, pois recebe o byte menos significativo
$variavel.caracter[1] = 0xAB$, pois recebe o byte mais significativo ■

Vamos modificar agora a variável mostrada no Exemplo 12.6.

Exemplo 12.7 — Union. Modificando um valor de **union**.

```
variavel.caracter[1] = 0x7E;
```

Agora, as variáveis possuem os seguintes valores:

$variavel.caracter[0] = 0xCD$: não foi modificada
$variavel.caracter[1] = 0x7E$: foi modificada através do código acima
$variavel.palavra = 0x7ECD$: o byte mais significativo foi alterado. ∎

Vamos fazer mais uma modificação na variável mostrada no Exemplo 12.7, vista no Exemplo 12.8.

Exemplo 12.8 — Union. Modificando novamente o valor de uma **union**.

```
variavel.caracter[0] = 0x12;
```

Agora, as variáveis possuem os seguintes valores:
$variavel.caracter[0] = 0x12$: foi modificada
$variavel.caracter[1] = 0x7E$: permanece o valor
$variavel.palavra = 0x7E12$: o byte menos significativo foi alterado. ∎

A mudança também pode ocorrer na variável maior, como no Exemplo 12.9.

Exemplo 12.9 — Union. Modificando um valor de **union**.

```
  variavel.palavra = 0x1234;
```

Agora, as variáveis possuem os seguintes valores:
$variavel.caracter[0] = 0x34$: foi modificada
$variavel.caracter[1] = 0x12$: foi modificada. ∎

12.4. Ponteiros para estruturas

PODEMOS criar ponteiros para estruturas quando não quisermos trabalhar o tempo todo com estruturas declaradas globalmente. Para isso, vejamos o código mostrado no Exemplo 12.10.

Exemplo 12.10 — Ponteiros para estruturas. Exemplo de ponteiro para estruturas.

```
struct Tdata{
  byte dia;
  byte mes;
  unsigned ano;
};
```

```
Tdata agora;
void setup(){
  agora.dia = 2;
  agora.mes = 4;
  agora.ano = 2019;
  Serial.begin(9600);
}
void loop(){
  Tdata *x; //Foi criado um ponteiro do tipo Tdata
  x = &agora;
  Serial.print(x->dia);
}
```

■

Como visto no Exemplo 12.10, o sinal de -> indica que se trata de ponteiro para estruturas. Os ponteiros de estruturas são usados para passagem de parâmetros em funções.

12.5. Interrupção

INTERRUPÇÃO é um recurso poderoso nos microcontroladores. O Arduino, que possui um microcontrolador, também é dotado de interrupções. A interrupção pode ser caracterizada como um atendimento a um evento externo. Este evento pode ocorrer por borda ou nível em determinado pino. Podem ser de borda de descida (mudança de estado de 1 para 0), borda de subida (mudança de estado de 0 para 1) ou por nível (nível 0). No Arduino Uno e Mega 2560 não há interrupção por nível lógico 1.

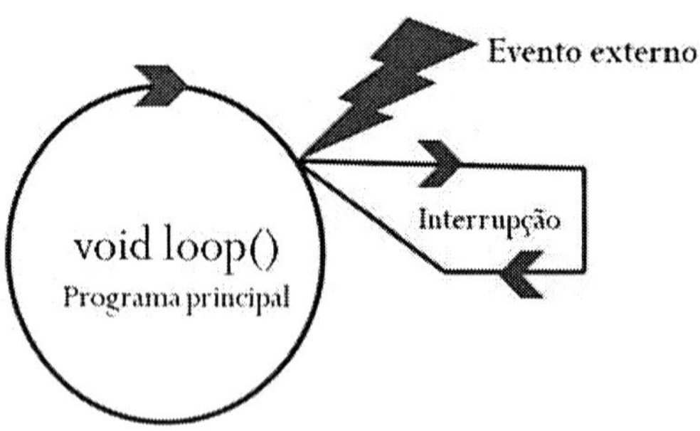

Figura 12.1: Fluxograma de uma interrupção.

A Figura 12.1 mostra o fluxograma de uma interrupção. Quando esta ocorre, o Arduino cessará momentaneamente o processamento de seu programa principal (**void loop**) para atender à interrupção solicitada por algum pino. No instante em que se interrompe o processamento do programa principal, inicia-se a execução da interrupção; após o atendimento da interrupção, retorna-se ao programa principal, exatamente na linha de comando interrompida.

O número de interrupções disponíveis no Arduino varia de acordo com a plataforma utilizada. Para o Arduino Uno, podemos ver o número de interrupções e os pinos correspondentes a cada uma delas na Tabela 12.1. As interrupções do Arduino Mega 2560 são mostradas na Tabela 12.2.

Número da Interrupção	0	1
Número do pino	2	3

Tabela 12.1: Interrupções do Arduino Uno.

Número da Interrupção	0	1	2	3	4	5
Número do pino	2	3	18	19	20	21

Tabela 12.2: Interrupções do Arduino Mega2560.

Devemos usar a interrupção quando for necessária a monitoração de eventos de curta duração, como pulsos de encoders, chaves ópticas, etc. Utilizamos a interrupção quando um evento pode ter uma duração menor do que o tempo de execução do **loop** ou quando o evento ocorrido necessitar de uma resposta rápida. Para isso, o Arduino interrompe a tarefa que está sendo executada naquele momento para atender à solicitação de interrupção, que, a grosso modo, é uma chamada de função sem passagem de parâmetros. Devido ao fato das interrupções serem de resposta rápida, sua execução deve ser a mais rápida possível. Isso implica que algumas instruções são proibidas na função de interrupção, tais como **delay** e operações envolvendo o LCD.

12.5.1 Configurando a interrupção

Em alguns microcontroladores, a configuração das interrupções é confusa, mesmo usando compiladores pagos, sendo necessária a habilitação de determinados bits de registradores específicos. Já na plataforma Arduino, a configuração das interrupções é muito simples. Normalmente, configura-se a interrupção no **void setup**. O comando que devemos utilizar encontra-se a seguir:

Configurando a interrupcao - Numero da interrupcao

```
attachInterrupt(Ninterrupcao, funcao, modo);
```

A forma que acabamos de mostrar pode ser usada para o Arduino Uno e Mega 2560. Para o Arduino Due, a configuração da interrupção deve ocorrer da seguinte forma:

Configurando a interrupcao - Numero do pino da interrupcao

```
attachInterrupt(digitalPinToInterrupt(pino),funcao ,modo);
```

O algoritmo que acabamos de ver mostra três parâmetros que devem ser passados com a chamada. Vamos vê-los a seguir:

Ninterrupcao

O número da interrupção é mostrado na Tabela 12.1 e na Tabela 12.2, ou seja, para o Arduino Uno, temos: 0 ou 1. Para o Arduino Mega 2560, temos: 0, 1, 2, 3, 4 ou 5.

Se for utilizado o comando **digitalPinToInterrupt**, deve-se escrever o número do pino, tais como 2, 3, 18, 19, 20 ou 21, conforme a Tabela 12.1 e a Tabela 12.2.

funcao

Este é o local em que se coloca o nome da função que deve ser desenvolvida especialmente para atender à interrupção. Isso quer dizer que não podemos usar comandos de atraso, como **delay**, ou operações de escrita no LCD. Devemos usar variáveis **volatile**, como será explicado na seção 12.5.2.

modo

Este é o parâmetro de configuração de ativação da interrupção. O Arduino Uno e o Mega 2560 preveem quatro formas de ativação da interrupção:

LOW – a interrupção é chamada toda vez que o nível da porta correspondente estiver em nível lógico 0. A interrupção poderá ser continuamente chamada enquanto o nível lógico estiver em 0.

CHANGE – a interrupção é chamada toda vez que houver uma transição do estado do pino.

RISING – a interrupção será acionada quando houver mudança do nível lógico baixo para o nível lógico alto (borda de subida).

FALLING – a interrupção será acionada quando houver mudança do nível lógico alto para o nível lógico baixo (borda de descida).

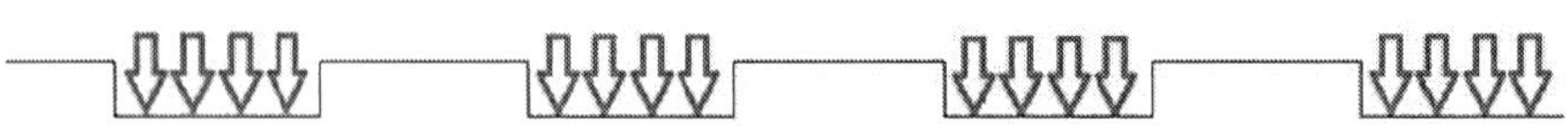

Figura 12.2: Interrupção por nível lógico baixo (LOW).

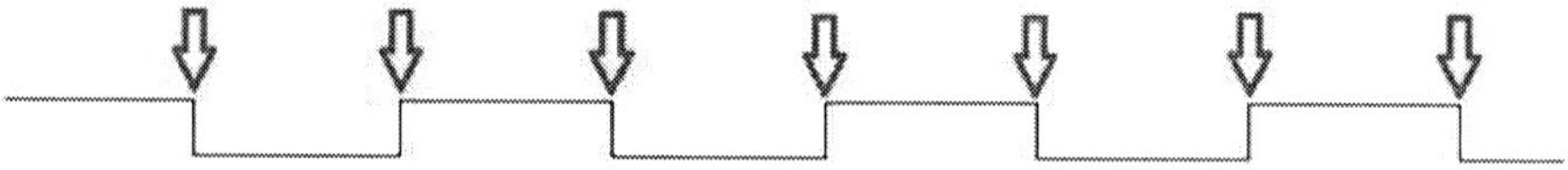

Figura 12.3: Interrupção por transição (CHANGE).

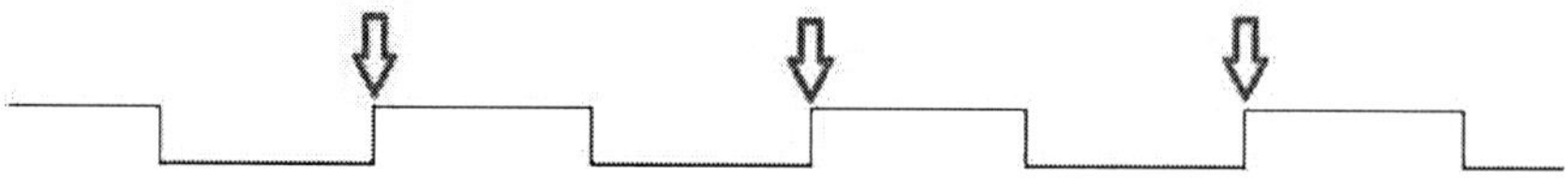

Figura 12.4: Interrupção por borda de subida (RISING).

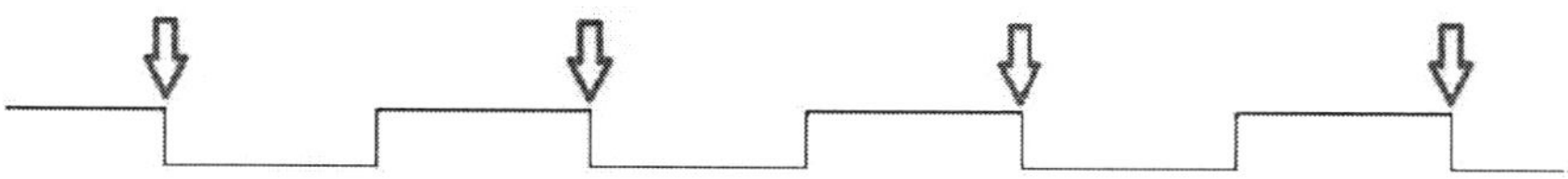

Figura 12.5: Interrupção por borda de descida (FALLING).

12.5.2 Variáveis volatile

As variáveis usadas na interrupção devem ser declaradas como **volatile**. Essa palavra-chave é conhecida como um qualificador de variável, normalmente utilizado antes do tipo de dados de uma variável, para modificar a forma em que o compilador e o programa subsequente a trata.

Exemplo 12.11 — Usando interrupacao. Escrevendo o número de pulsos de um encoder.

```
volatile unsigned long int contador = 0;
void setup(){
  Serial.begin(9600);
  attachInterrupt(0,contaEncoder,FALLING);
}
void loop(){
  Serial.println(contador);
}
void contaEncoder(){
  contador++;
}
```

■

Especificamente, a palavra **volatile** orienta o compilador para carregar a variável a partir da RAM e não a partir de um registrador de armazenamento, o que é uma localização de memória temporária em que as variáveis do programa são armazenadas e manipuladas.

No Arduino, o único lugar em que devemos declarar a variável como **volatile** é para usá-la na interrupção. O Exemplo 12.11 pode ser usado para contagem de um sinal de encoder, cuja contagem é escrita na serial. Nesse exemplo, a variável *contador* é utilizada na interrupção. Devido a isso, devemos declará-la como **volatile**. Note que no **loop**, nada mais é feito além de imprimir o valor da variável contador. Na função utilizada na interrupção, a variável contador é incrementada a cada borda de descida do pulso.

12.6. Expandindo as portas digitais do Arduino

O Arduino Uno, embora tenha 14 portas digitais, muitas vezes necessita utilizar mais portas. Existem técnicas, como multiplexação, que podem ser utilizadas. Entretanto, antes disso, podemos utilizar as portas analógicas. Isso também pode ser extendido para qualquer outro Arduino.

Vejamos o Exemplo 12.12.

Exemplo 12.12 — Expansão de portas digitais. Exemplo de expansão de portas.

```
void setup(){
  pinMode(A0,OUTPUT);
  pinMode(A1,INPUT_PULLUP);
}
void loop(){
  if(digitalRead(A1)==HIGH){
    digitalWrite(A0,HIGH);
  }else{
    digitalWrite(A0,LOW);
  }
}
```

■

12.7. Temporização

Os microcontroladores disponibilizam um recurso de hardware interessante chamado de temporizador, ou no inglês, **timer**. O **timer** é um dispositivo que executa uma função em intervalo configurável de tempo.

A temporização é um importante recurso em sistemas microcontrolados. É ele o responsável por gerar períodos de tempo com grande precisão. Os **timers** não são disponibilizados nas bibibliotecas padrão do Arduino. Isso torna o uso dos **timers**, por parte dos usuários do Arduino, um pouco mais obscuro e mais difícil de ser estudado.

A forma mais simples de temporização, sem recursos especiais, consiste no uso da instrução **delay**. O inconveniente desse procedimento é que o Arduino não realiza mais nenhuma função através da função principal, enquanto a função **delay** ou **delayMicroseconds** é executada. Vejamos, portanto, as formas de temporização diferentes das funções citadas.

12.7.1 As funções *millis* e *micros*

Grande parte das aplicações envolvendo a temporização pode ser resolvida por meio das funções **millis** e **micros**, que já foram estudadas. Essas funções adquirem o tempo (em milissegundos e microssegundos, respectivamente) em que o Arduino permanece ligado. Dessa maneira, o tempo entre dois eventos pode ser obtido pela subtração entre os instantes obtidos por uma das funções (**millis** ou **micros**).

Vejamos o Exemplo 12.13, que utiliza as funções de tempo descritas. Neste exemplo, calcula-se a velocidade, ou melhor, o número de pulsos contados a cada 500 milissegundos.

Exemplo 12.13 — Usando temporização. Calcule a velocidade de rotação de um motor, utilizando a interrupção para realizar a contagem dos pulsos.

```
volatile unsigned long int contAtual;
//volatile usada em variaveis modif em interrupcoes
unsigned long int tAnterior, tAtual;
double vel;

void contaEncoder(){
  contAtual++;
}

void setup(){
  Serial.begin(9600);
  contAtual = 0;
  tAtual = millis();
  attachInterrupt(0,contaEncoder,FALLING);
}
```

```
void loop(){
  tAnterior = tAtual;
  tAtual = millis();
  if(tAtual-tAnterior>=500){
    vel = double(100*contAtual/(tAtual-tAnterior));
    contAtual = 0;
    Serial.println(velocidade);
  }
}
```

■

Uma pequena desvantagem das funções **millis** e **micros** é que o intervalo de tempo criado ao subtrair dois instantes pode não ser fixo, ou seja, só será possível verificar se o intervalo de tempo medido será maior ou igual a um intervalo definido. Em outras palavras, a latência entre o momento em que o microcontrolador deveria entrar na rotina relacionada à temporização e o momento em que o microcontrolador efetivamente entra nela pode ser alto.

Para redução do tempo de latência, podemos utilizar bibliotecas prontas na internet, que utiliza os temporizadores do Arduino. Uma delas é a biblioteca *TimerOne*.

12.7.2 Temporização com *timers*

O Arduino Uno possui 3 *timers*, sendo chamados de *timer 0*, *timer 1* e *timer 2*. O *timer 0* é usado para as funções *delay*, *millis*, *micros*. Por essa razão, não se deve utilizar esse *timer*.

O *timer 1* é utilizado pela biblioteca dos servomotores. Se o seu projeto não tiver servomotores, você pode utilizar o *timer 1*. Podem ser utilizados até 12 servos com esse *timer*.

O último *timer* do Arduino Uno é o *timer 2*, que é utilizado pela função *tone*; caso não esteja utilizando essa função, esse *timer* pode ser utilizado. Vejamos, agora, como utilizar a biblioteca que utiliza o *timer 1*.

A biblioteca *TimerOne*

Há uma biblioteca, chamada *TimerOne* que pode ser utilizada para temporizações em projetos mais específicos, em que se deseja a execução de alguma função periodicamente, sem a necessidade de checagem por software utilizando as funções *micros* e *millis*.

O Exemplo 12.14 tem a mesma funcionalidade do **Pisca-Pisca**, mas com o acionamento do LED utilizando-se a Temporização. Ao utilizar a biblioteca, podemos aproveitar o Arduino para realizar outras tarefas, já que não é executado o comando *delay*.

Exemplo 12.14 — Utilizando a biblioteca TimerOne. Escrever um algoritmo pisca-pisca utilizando a biblioteca TimerOne.

```
#include <TimerOne.h>
const int led = 13;
boolean volatile ledState = false;

void setup(){
  pinMode(led, OUTPUT);
  Timer1.initialize(100000); //ocorre a cada 100ms
  Timer1.attachInterrupt(blinkLED);
}

void loop(){
  //O loop esta livre para outras aplicacoes
}

void blinkLED(){
  if (ledState == false) {
    ledState = true;
  } else {
    ledState = false;
  }
  digitalWrite(led, ledState);
}
```

■

12.8. Diretivas de pré-compilação

ESSAS diretivas informam ao compilador sobre os arquivos que devem ser incorporados ao programa no instante da compilação. São iniciadas pelo símbolo # e suas principais diretivas podem ser vistas no código a seguir.

Diretivas

```
#include
#if
#else
#ifdef
#ifndef
#endif
#define
```

12.8.1 Diretiva #include

A diretiva **#include** anexa ao projeto arquivos de bibliotecas que são necessários ao funcionamento do programa. Normalmente essas diretivas são colocadas no início do *sketch*. Existem duas formas de inserção de uma biblioteca num projeto, mostradas no Exemplo 12.15.

Exemplo 12.15 — Include. Exemplo de inclusões.

```
#include <Wire.h>
#include "minhaBiblioteca.h"

```

Comumente, utiliza-se o primeiro caso para bibliotecas instaladas, e no segundo caso bibliotecas colocadas na pasta do projeto. ■

12.8.2 Diretivas #ifndef...#else...#endif

Esse conjunto de diretivas pode ser utilizado para evitar redundâncias na inclusão de arquivos de biblioteca ou de estruturas, classes, etc em que podem existir mais de uma declaração semelhante, evitando-se conflitos durante a compilação do programa.

Um conjunto de diretivas pode ser visto no Exemplo 12.16. Nele, foi criada uma classe chamada **BombaDC**. O código do Exemplo 12.16 somente será compilado se não houver a mesma definição **_BombaDC**, uma vez que **ifndef** significa: *defina se já não estiver definido*. Se a definição **_BombaDC** já existir, o compilador ignorará as linhas de código até encontrar a diretiva **#endif**.

Exemplo 12.16 — Diretivas. Exemplo de **ifndef define**.

```
#ifndef _BombaDC
#define _BombaDC
#include <Arduino.h>
class BombaDC{
   ...
};
#endif

```

■

12.9. A palavra-chave *static*

Variáveis modificadas pela palavra-chave *static* são visíveis para apenas a função em que são declaradas. Por outro lado, diferentemente das variáveis locais, que são criadas e destruídas toda vez que é chamada a função, as variáveis com *static* são mantidas, preservando seus valores armazenados.

O código do Exemplo 12.17 mostra uma função em que há variável do tipo *static*.

Exemplo 12.17 — Static. Exemplo utilizando *static*.

```
void setup() {
  Serial.begin(9600);
}

void loop() {
  Serial.println(contagem());
  delay(2000);
}

int contagem(){
  static int i = 10;
  i++;
  return(i);
}
```

Neste exemplo, a variável *static* **i** inicia-se, pela primeira vez, com o valor 10. Os valores impressos neste *sketch* serão: 11, 12, 13, etc. ■

12.10. Problemas

Problema 12.1 — Estruturas. Desenvolva um algoritmo que crie uma estrutura para motores. Dos parâmetros, devem ser colocados ID, sentido, PWM, pino_Sentido, pino_PWM.

Problema 12.2 — União. Desenvolva um algoritmo que realize a união de uma variável do tipo long com variáveis do tipo byte.

Problema 12.3 — Interrupção e Temporização. Crie um algoritmo que calcule a aceleração de uma esfera em plano inclinado. Neste algoritmo deve conter:

a) Botão para inicialização do processo, liberando a esfera por eletroímã.
b) Há dois sensores, que devem ser inseridos nos pinos de interrupção. O

primeiro encontra-se bem no início da descida e o outro no final. A distância deve ser conhecida, assim como a inclinação.

c) A aceleração pode ser calculada por equações da Mecânica, como $S = S_o + V_o \cdot t + a \cdot \frac{t^2}{2}$, em que $S_o = 0$, $V_o = 0$, logo: $a = \frac{2 \cdot S}{t^2}$

Problema 12.4 — Ponteiros. Desenvolva uma função que realize a soma de dois números, utilizando ponteiros.

Problema 12.5 — Ponteiros. Determine o valor das variáveis *a*, *b* e *c* do código a seguir.

Variaveis a b c

```
unsigned a, b;
unsigned *c;
a = 20;
b = 200;
c = &a;
(*c)+=b;
```

V Programação III

13 Bibliotecas em C

Nos capítulos anteriores estudamos bastante sobre a linguagem C. Neste, continuaremos aprofundando, ainda mais, nesta poderosa linguagem de programação. A utilização de bibliotecas facilita o desenvolvimento de projetos mais complexos.

13.1. Importando bibliotecas

Trata-se de um conjunto de códigos prontos, disponibilizados por outros programadores, para realizar determinadas tarefas. Podem ser desenvolvidos para trabalhar com dispositivos, tais como módulos GPS, GPRS, GSM, drivers para motores, etc. A utilização de bibliotecas auxilia o programador na organização do projeto, omitindo códigos que não precisam ser conhecidos ou editados. O programador atua como um usuário da biblioteca instalada.

A criação de bibliotecas ajuda na organização do código-fonte, uma vez que você reduz o número de linhas de programação do *sketch* do Arduino. Esse procedimento auxilia o programador no momento de *debugar* o programa, reduzindo o tempo necessário para revisar o código. Além disso, permite com que o programador possa reaproveitar o código em outros projetos.

Vamos agora aprender a instalar uma biblioteca. Há duas formas de instalação, que serão vistas a seguir.

Instalação padrão

A Figura 13.1 mostra o caminho para instalar uma biblioteca. Algumas bibliotecas podem ser facilmente encontradas na internet. Neste caso, ao clicar em *Adicionar biblioteca .ZIP*, abrirá uma janela requisitando um arquivo *.zip*, com o qual devem estar contidos os arquivos *.h* e *.cpp* da biblioteca.

Após a instalação da biblioteca, para usá-la em seus projetos, é necessário incluí-la por meio da diretiva:

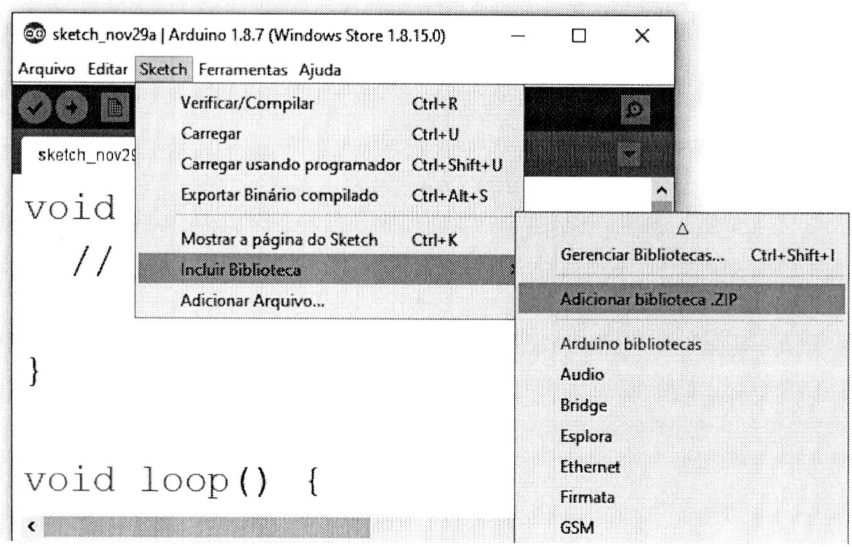

Figura 13.1: Instalando uma biblioteca

Incluindo biblioteca

```
#include "minhaBiblioteca.h"
```

Normalmente uma biblioteca contém exemplos de como utilizá-la. Dessa forma, veja os exemplos da biblioteca para compreender o seu funcionamento.

Instalação manual

Para instalar manualmente, precisamos conhecer a pasta de instalação do Arduino. Nela, existe uma pasta chamada **libraries**, onde estão todas as bibliotecas instaladas no IDE. Agora vamos aprender a escrever uma biblioteca.

13.2. Editores de texto para bibliotecas

PARA escrever uma biblioteca, em C ou em C++, é recomendável utilizarmos um editor de texto que reconheça os comandos em C e C++. Devemos saber que os nomes das pastas das bibliotecas não devem conter espaço e outros caracteres. Além disso, recomendamos que os arquivos *.h* e *.cpp* tenham o mesmo nome da pasta de origem desses arquivos. Na internet, podemos realizar o *download* de pelo menos dois editores, gratuitamente, mostrados a seguir.

13.2.1 O Notepad++

Uma biblioteca pode ser escrita por qualquer editor de texto. Por outro lado, é interessante utilizar um editor que reconheça a linguagem C/C++, como o Notepad++, que pode ser baixado gratuitamente do site: `http://notepad-plus-plus.org/`. Este editor pode ser configurado facilmente para reconhecer a linguagem C ou C++, como visto na Figura 13.2.

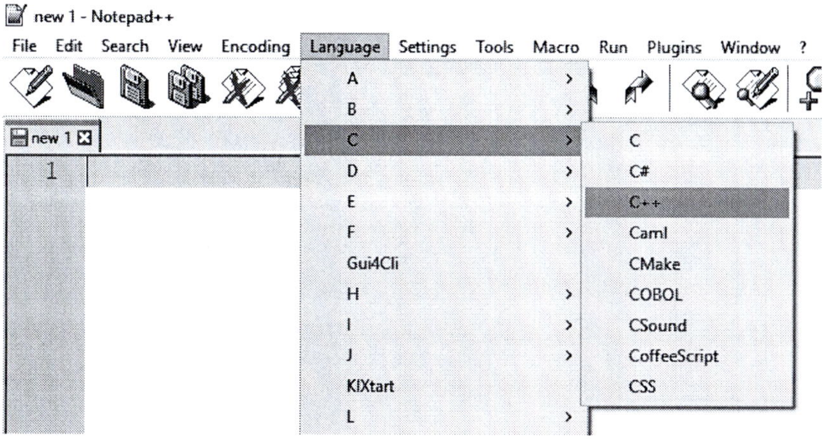

Figura 13.2: Configurando a linguagem do Notepad++

Uma vez configurada a linguagem do Notepad++, podemos salvar arquivos de cabeçalho (*.h*) ou de corpo (*.cpp*). Salve-os com o mesmo nome, mudando-se apenas a extensão, como por exemplo: *minhaBiblioteca.h*, *minhaBiblioteca.cpp*. Quando terminar de escrever a biblioteca, crie um ou mais *sketchs* de exemplos no Arduino para mostrar como utilizar a biblioteca. Isso fará com que você possa compartilhar sua biblioteca para que outros possam utilizá-la sem dificuldades. Para essa finalidade, compacte os arquivos (*.h* e *.cpp*) e os exemplos num arquivo *.zip* de mesmo nome dos arquivos.

Uma vez criado o arquivo compactado, abra o IDE do Arduino e instale a biblioteca criada por você em seu computador. Abra o arquivo de exemplo, testando-o.

13.2.2 O Sublime Text

Este editor pode ser baixado gratuitamente do site: `https://www.sublimetext.com/`. Este editor é uma alternativa para aqueles que gostam de um fundo preto. A janela do **SublimeText** pode ser vista na Figura 13.3.

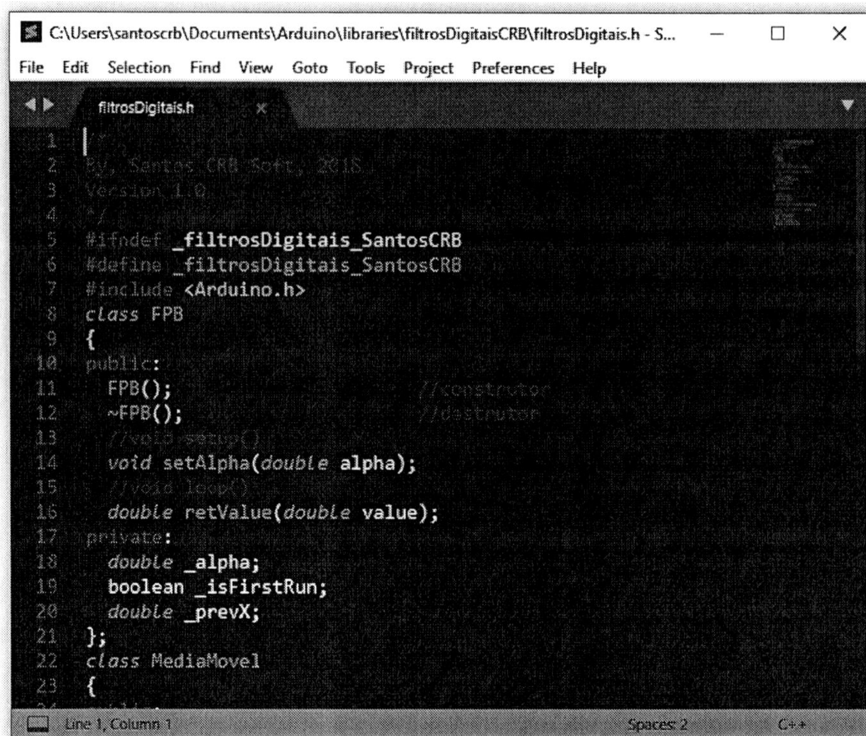

Figura 13.3: O editor Sublime Text.

13.3. Criando uma biblioteca em C

A criação de bibliotecas em C permite a reutilização do seu código em outros programas de forma eficiente. Devemos, entretanto, tomar alguns cuidados com variáveis e estruturas, que são vistas por todo o programa. Para isso, devemos declará-las com nomes incomuns, normalmente usando *underline*, como no Exemplo 13.1.

Exemplo 13.1 — Bibliotecas. Variável interna para bibliotecas em C.

```
boolean _sentido_Motor1;
```

O uso de *underline* é comum para variáveis internas às bibliotecas. A variável acima pode ser vista e editada em qualquer parte do programa, inclusive por outra biblioteca já inserida no **sketch**. ■

Uma biblioteca possui dois arquivos, um arquivo de cabeçalho *.h* e outro com o código *.cpp*.

No cabeçalho, declaramos as variáveis globais, as sub-rotinas e as funções da biblioteca. Primeiro vamos relembrar sobre a diretiva **#ifndef**. Esta diretiva verifica se já foi definido um trecho de código chamado, como no caso do Exemplo 13.2: *_TesteMatematica*. Caso ainda não tenha sido definido, definir-se-á este trecho de código. Isso evita redundâncias. Vejamos um arquivo de cabeçalho, chamado *TesteMatematica.h*, mostrado no Exemplo 13.2.

Exemplo 13.2 — Bibliotecas. Arquivo de Cabeçalho (.h).

```
#ifndef _TesteMatematica
#define _TesteMatematica
#include <Arduino.h>
  int soma(int a, int b);
  int subtrai(int a, int b);
#endif
```

Foram definidas duas funções, com passagem de parâmetros através de variáveis. ∎

O corpo de biblioteca está no arquivo **.cpp**, em que estão escritos os códigos das funções e dos procedimentos, como visto no Exemplo 13.3. Este código foi transcrito de um arquivo chamado *TesteMatematica.cpp*.

Exemplo 13.3 — Bibliotecas. Corpo da biblioteca (.cpp).

```
#include "TesteMatematica.h"
int soma(int a, int b){
  return(a + b);
}

int subtrai(int a, int b){
  return(a - b);
}
```

Temos aqui o corpo das funções *soma* e *subtrai*. ∎

Vejamos, agora, o **Sketch** mostrado no Exemplo 13.4 mostra como utilizar a biblioteca descrita nos Exemplos 13.2 e 13.3.

Deve ser lembrado que todas as funções e procedimentos declaradas nas bibliotecas podem ser vistas pelo *Sketch*.

Exemplo 13.4 — Bibliotecas. Utilização da biblioteca *TesteMatematica*.

```
#include "TesteMatematica.h"
int x = 20;
int y = 10;
void setup() {
  Serial.begin(9600);
}
void loop() {
  int a = soma(x,y);
  int b = subtrai(x,y);
  Serial.print(a);
  Serial.write(9);
  Serial.println(b);
  delay(1000);
}
```

■

13.4. Problemas

Problema 13.1 — Criação de Biblioteca em C. Crie uma biblioteca em C, que crie funções para acender um LED. Nesta biblioteca deve haver funções que defina o pino como saída. Crie funções para ligar e desligar o pino.

Problema 13.2 — Criação de Biblioteca em C. Crie uma biblioteca que crie funções para ler um pino. Nesta biblioteca deve haver uma função para definir o pino como entrada. Crie uma função para a leitura do pino.

14 Bibliotecas em C++

A linguagem C++ utiliza um paradigma de programação diferente da linguagem C, voltado à orientação a objetos. Se você nunca trabalhou com linguagens orientadas a objetos, pode ficar um pouco confuso, no início, mas este conceito é importante no que tange à organização do seu programa. Vamos agora aprender como escrever uma biblioteca em C++. Para isso, vamos estudar o conceito de **classe**.

14.1. Classes

A linguagem C é uma ferramenta poderosa que permite uma programação eficaz, principalmente quando se trata de microcontroladores. Em contrapartida, a linguagem C++ expande conceitos de programação, criando encapsulamentos de programação, os quais são chamados de instâncias. Na verdade, inúmeros trechos de código deste livro estão trabalhando com instâncias sem que você tivesse percebido. Com exceção das estruturas, todo código em que há um "ponto"está escrito em C++, como mostrado no Exemplo 14.1.

Exemplo 14.1 — Classes. Exemplo de uma instância.

```
Servo x;        //Criou-se uma instancia da classe Servo
x.attach(9);    //Utilizou-se um metodo da classe Servo
```

■

Na linguagem C++, podemos pensar numa classe como uma caixa, da qual podemos *herdar* de uma classe primitiva apenas aquelas funções e procedimentos que precisamos. Antes de continuarmos, vamos identificar algumas definições aplicadas à linguagem orientada a objetos.

A primeira delas é a chamada *classe*. A classe é semelhante a um tipo de variável (como acontece na linguagem C). Uma *instância* (ou objeto) é como uma variável, dotada de métodos e atributos.

Métodos são funções e procedimentos usados pelas instâncias de uma classe.

Atributos são variáveis vistas apenas por uma instância.

Uma classe é criada, normalmente, por um arquivo de cabeçalho (*.h*) e por um arquivo de corpo (*.cpp*). No Exemplo 14.1, *Servo* é uma classe que no código acima cria uma instância *x*. As classes são atributos da linguagem orientada a objetos. Na linguagem C++, pode-se utilizar procedimentos e funções que podem ser escritas em bibliotecas, executando tarefas específicas para aquela classe. Quando trabalhamos com um servo, criamos uma instância da classe *Servo*. Ao vincularmos um pino do Arduino para gerar o pulso para controle do ângulo do servo, usamos o método **attach**. Normalmente os atributos são vistos internamente pelo objeto da classe servo, sendo acessados apenas por um método.

Vejamos o Exemplo 14.2, com alguns comentários traduzidos para o português.

Exemplo 14.2 — Classes. Exemplo Sweep - IDE Arduino

```
// Sweep
// by BARRAGAN <http://barraganstudio.com>
// This example code is in the public domain.
#include <Servo.h>
// O comando acima inclui a biblioteca Servo.
Servo myservo;  // instancia da classe Servo
int pos = 0;// armazena a posicao do objeto
void setup() {
  myservo.attach(9);//o pino 9 para controla o servo
}
void loop() {
  for(pos=0;pos<180;pos+=1){ //vai de 0 a 180 graus
    myservo.write(pos);//posiciona o servo
    delay(15);   // espera 15 ms
  }
  for(pos = 180; pos>=1; pos-=1) {//de 180 ate 0
    myservo.write(pos);// posiciona o servo
    delay(15);    // espera 15 ms
  }
}
```

■

No Exemplo 14.2 podemos ver que as classes são muito comuns no Arduino. Neste capítulo vamos aprender a criá-las. A vantagem de se criar uma instância consiste no encapsulamento dos atributos e dos métodos.

A Figura 14.1 mostra dois objetos, *A* e *B*, de uma mesma classe. Cada objeto possui procedimentos e métodos semelhantes. Entretanto, as atribuições dos métodos podem ser diferentes, ou seja, o método (variável) *a* do objeto *A* pode ter valor diferente do método *a* do objeto *B*. O método *a* do objeto *A* apenas pode ser visto pelos procedimentos e métodos do objeto *A*; da mesma forma, o atributo *a* do objeto *B* apenas pode ser visto pelo objeto *B*. Entretanto, os procedimentos de cada objeto (também conhecido por *instância*) podem exteriorizar os valores de cada método, permitindo sua leitura e alteração.

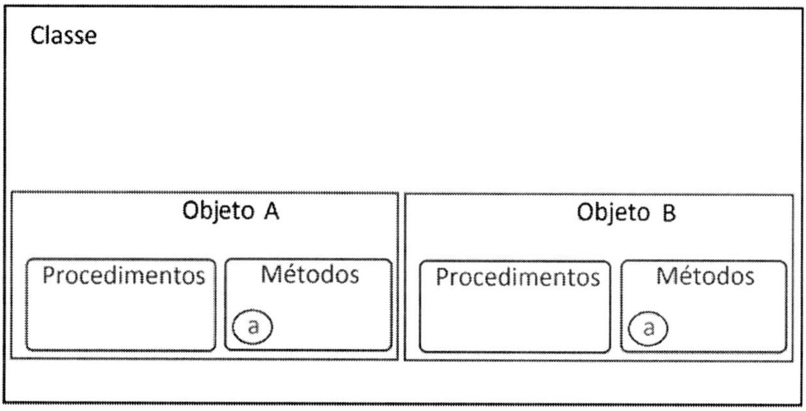

Figura 14.1: Esquema de dois objetos de uma mesma classe

14.1.1 Diretivas

As diretivas já foram vistas na seção 12.8. Elas podem ser usadas para evitar redundâncias. Para evitar problemas de compilação, insira todo o código numa diretiva **#ifndef**.

14.1.2 Include

Alguns códigos podem ser inseridos à biblioteca por meio da lista de inclusões. A biblioteca mais usada é a *Arduino.h*, uma vez que nesta biblioteca estão incluídos os comandos *pinMode*, *digitalRead*, etc.

14.1.3 Nome da classe

Em C++, uma classe é escrita contendo a seguinte estrutura:

Exemplo de Corpo de uma classe.

```
class Nome_da_classe {
public:
  //Aqui os metodos e atributos sao publicos
private:
  //Aqui os metodos e atributos sao privados
};
```

Vejamos o significado das palavras *public* e *private*.

Public

Todas as variáveis (atributos), funções e procedimentos (métodos) declarados na seção **public** são vistos por todo o programa, bastando referenciar a instância da qual se queira ler ou escrever o dado desejado.

Private

Todas as variáveis, funções e procedimentos declarados na seção **private** somente poderão ser vistos por sua respectiva instância. Nem mesmo uma instância da mesma classe pode acessar esses parâmetros de outras instâncias.

14.2. Criando uma biblioteca em C++

Como já visto, uma biblioteca em C ou em C++ pode ser escrita utilizando qualquer editor de texto. Alguns editores gratuitos foram mostrados na seção 13.2. Vamos, neste instante, aprender como criar bibliotecas em C++.

Para exemplificar uma biblioteca em C++, vamos criar uma que seja capaz de controlar a velocidade de um pino por modulação por largura de pulso (PWM). Nessa classe, portanto, temos que definir o número do pino e o valor do sinal PWM.

14.2.1 Extensão .H

No arquivo (**.h**) precisamos declarar os atributos e os métodos, especificando-os em públicos ou privados.

Vejamos o Exemplo 14.3. Nele, criamos o cabeçalho de uma classe. Notem que os métodos *setPino*, *setPWM* e o construtor e o destrutor são públicos. Os atributos *_PWM* e *_pino* são privados, podendo somente ser visto pelo objeto. É importante ressaltar que ainda não há um objeto. Este somente será criado quando escrevermos o *Sketch*. Note, também, que foi colocado como comentário o local em que são normalmente chamados os métodos no *Sketch* (*setup* e *loop*).

Exemplo 14.3 — PinoPWM.h. Arquivo de cabeçalho (.h).

```
#ifndef _pino_PWM_
#define _pino_PWM_
#include <Arduino.h>
class PinoPWM{
  public:    //usados no sketch
  PinoPWM();
  ~PinoPWM();
  //setup
  void setPino(byte pino);    //define o pino
  //loop
  void setPWM(byte PWM);    //define o valor do PWM
  private:   //usado na propria biblioteca
  byte _PWM;
  byte _pino;
};
#endif
```

■

Vamos agora escrever o corpo, onde definimos o construtor, destrutor, e os procedimentos (métodos).

14.2.2 Extensão .CPP

É nesta parte em que definimos o construtor, destrutor e os procedimentos (métodos), como pode ser visto no Exemplo 14.4.

Exemplo 14.4 — PinoPWM.cpp. Arquivo de corpo de texto (.CPP).

```
#include "pinoPWM.h"
//construtor
PinoPWM::PinoPWM(){  //criacao da instancia
  _PWM = 0;
  _pino = 255;
}
//destrutor
PinoPWM::~PinoPWM(){
}
```

```
void PinoPWM::setPino(byte pino){
  _pino = pino
  pinMode(_pino,OUTPUT);
}
void PinoPWM::setPWM(byte PWM){
  _PWM = PWM;
  analogWrite(_pino,PWM);
}
```

No código do Exemplo 14.4 vemos a notação de como se escreve um corpo de uma classe. No construtor, definimos valores iniciais para os atributos *_pino* e *_PWM*; a fim de que não se corra o risco dessas variáveis assumirem valores aleatórios. O destrutor é declarado, mas normalmente o deixamos em branco, uma vez que é utilizado antes de destruir o objeto. O método **setPino** atribuímos o número do pino a *_pino* e o definimos como **OUTPUT**. Já o método **setPWM**, atribuímos o valor do PWM à variável *_PWM*.

14.2.3 Palavras-chave

Em cada pasta em que são armazenados os arquivos de biblioteca podemos encontrar um arquivo chamado **keywords.txt**. Nele, podemos identificar as palavras-chave, utilizadas para destacá-las no códico escrito no IDE. Há dois níveis, o nível **KEYWORD1** e o **KEYWORD2**. No primeiro caso, a palavra fica escrita na cor laranja e em negrito; no segundo caso a palavra fica escrita em laranja.

Na pasta em que estão armazenados os arquivos da biblioteca, podemos encontrar o arquivo **keywords.txt**, cujo conteúdo é visualizado na Figura 14.2.

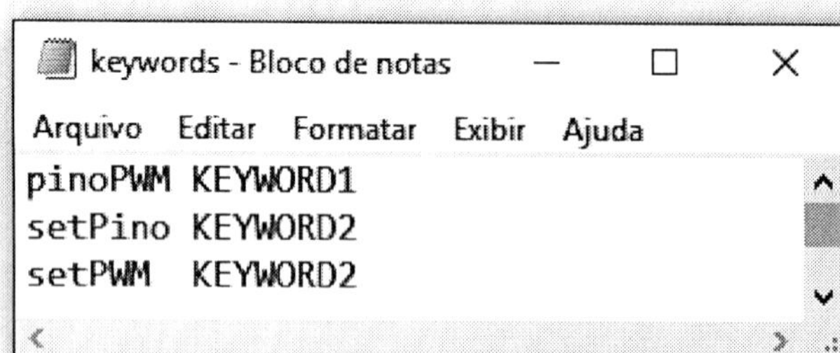

Figura 14.2: Arquivo **keywords.txt**.

A pasta em que se encontra a biblioteca pinoPWM é mostrada na Figura 14.3.

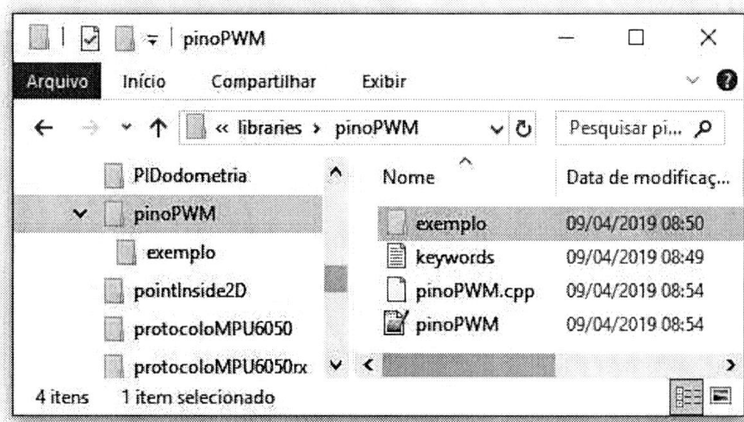

Figura 14.3: Arquivo **Local da biblioteca**.

14.2.4 Utilizando a biblioteca no sketch

No *Sketch*, basta escrever o código, incluindo a biblioteca e seus métodos. As palavras-chave ficam devidamente destacadas no Exemplo 14.5.

Exemplo 14.5 — Arquivo INO. Utilizando a biblioteca.

```
#include <pinoPWM.h>
pinoPWM motor1;
pinoPWM motor2;
byte i = 0;
void setup() {
  motor1.setPino(5);
  motor2.setPino(9);
}
void loop() {
  motor1.setPWM(i);
  motor2.setPWM(255-i);
  i++;
  delay(100);
}
```

■

No Exemplo 14.5, inserimos a biblioteca, declaramos as instâncias **motor1** e *motor2*, e utilizamos os métodos públicos disponíveis pela classe.

A seguir, vamos aprender a verificar erros de compilação durante o desenvolvimento de bibliotecas.

14.3. Erros de compilação em bibliotecas

Ao testar o funcionamento de uma biblioteca, torna-se extremamente eficiente manter abertas tanto as janelas do **Sketch** quanto as dos arquivos de biblioteca, conforme mostradas na Figura 14.4. Nessa figura, excluímos, propositalmente, o ponto e vírgula da linha 12 do arquivo CPP, para mostrarmos um erro de compilação.

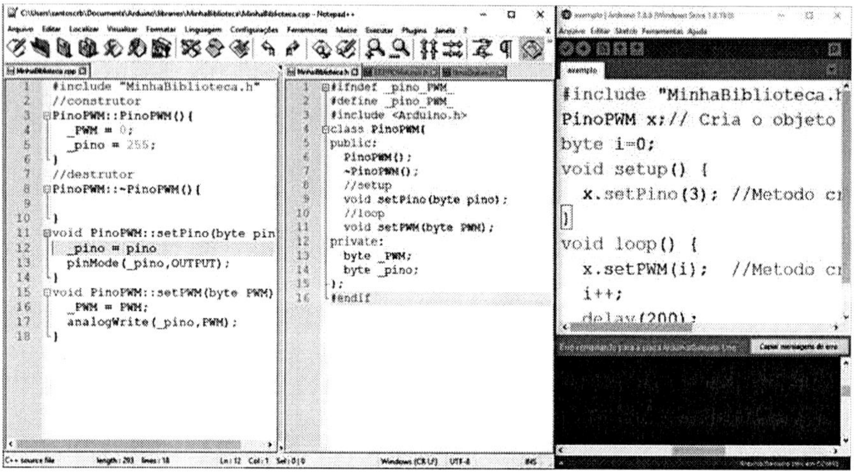

Figura 14.4: Telas da biblioteca e do **sketch**.

Durante a edição de uma biblioteca, você pode testá-la, usando as funções e procedimentos, ou os métodos e atributos. No caso da Figura 14.4, verificamos o erro de compilação. Ao olharmos a mensagem de erro mostrada pelo IDE, verificamos que a mensagem de erro refere-se ao arquivo de biblioteca. A mensagem do erro de compilação pode ser vista na Figura 14.5.

O erro de compilação mostrado na Figura 14.5 mostra que falta o *ponto e vírgula* antes de **pinMode** da linha 13, do arquivo CPP.

Lembre-se, sempre, de abrir os arquivos da biblioteca que estão na pasta de instalação do Arduino. Antes de compilar o *Sketch*, salve os arquivos de biblioteca, pois o IDE carrega o arquivo salvo no HD (e não o código aberto no Notepad++) na pasta da biblioteca.

14.4. Problemas

Problema 14.1 — Criação de Biblioteca em C++. Crie uma biblioteca que crie um objeto para acender um LED. Nesta biblioteca deve haver a definição do

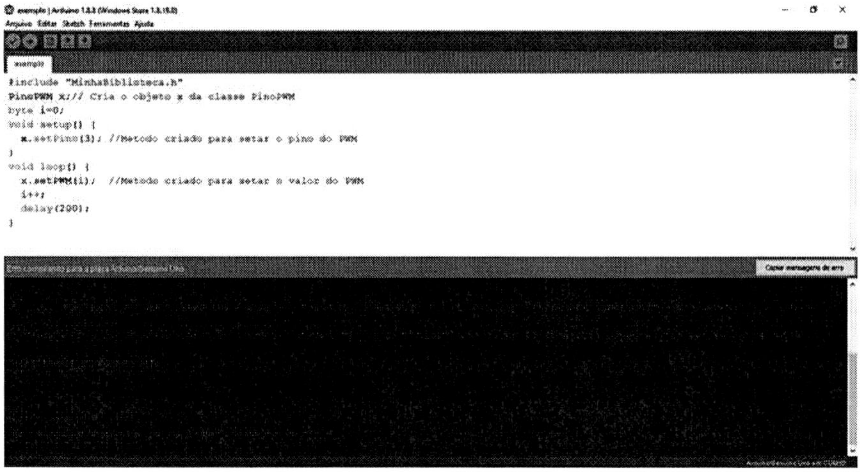

Figura 14.5: Mensagem de erro de compilação.

pino, definindo-o como saída. Crie instâncias para ligar e desligar o pino.

Problema 14.2 — Criação de Biblioteca em C++. Crie uma biblioteca que crie um objeto para ler um pino. Nesta biblioteca deve haver a definição do pino, definindo-o como entrada. Crie uma instância para a leitura do pino.

Problema 14.3 — Biblioteca em C++. Abra algumas bibliotecas na pasta **libraries**. Veja os arquivos existentes, tentando identificar os comandos existentes nessas bibliotecas.

Problema 14.4 — Criação de Biblioteca em C++. Procure por bibliotecas utilizando o Arduino. Verifique se o código está em C ou em C++.

15 Mais sobre o Arduino

NESTE capítulo vamos aprender a utilizar o Arduino de uma forma mais abrangente. Uma visão geral sobre eletrônica digital, linguagem C e C++ foi realizada ao longo do livro. Vamos, neste momento, aprofundarmos mais em outras partes do hardware do Arduino.

15.1. A alimentação do Arduino

O Arduino é alimentado pela USB do computador. Entretanto, pode ser alimentado sem a necessidade de conexão pela USB, por meio de uma entrada de alimentação externa, cujo conector deve ser adquirido à parte, em que os seus terminais devem ser alimentados obedecendo à polaridade mostrada na Figura 15.1. Recomenda-se que o Arduino seja alimentado com tensão entre 7 e 12 V. O Arduino pode ser alimentado externamente, mesmo conectado à porta USB.

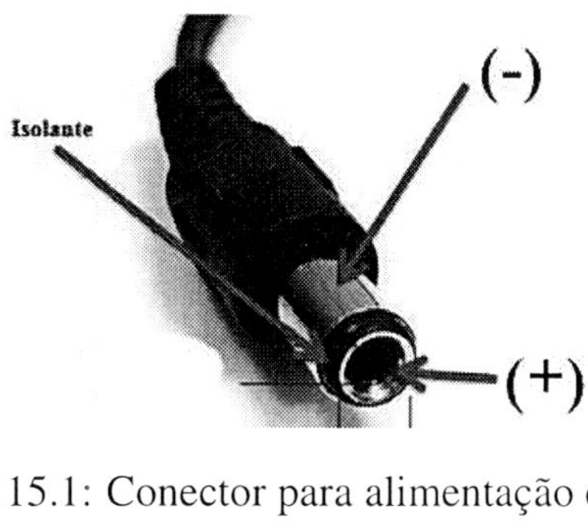

Figura 15.1: Conector para alimentação externa.

15.2. Pino de RESET

O pino de *reset* reinicia todo programa quando colocado em nível lógico baixo. Seu estado normal é nível alto. Além do *push-button* soldado à placa do Arduino, pode-se acessar o *reset* por meio de suas portas, estando ele ao lado do conector de 3,3 V.

15.3. O conversor AD

A conversão de sinal analógico para sinal digital é a melhor forma de obter dados de um transdutor analógico. Inicialmente, devemos lembrar que o sinal do transdutor (sensor) deve assumir valores entre 0 e 5 V. Se o transdutor não fornecer sinais nessa faixa de tensão, deve-se adaptá-lo através de algum circuito eletrônico, mas como existem muitos transdutores que operam de 0 a 5 V, esses circuitos de conversão não serão estudados nesta obra, uma vez que são muito específicos para cada caso. O comando de leitura do conversor AD é mostrado no Exemplo 15.1.

Exemplo 15.1 — Leitura AD.

```
char CanalAD = 0 // 0 a 5 (UNO) ou 0 a 15 (Mega)
int variavel = analogRead(CanalAD);

```

Neste exemplo, a *variavel* recebe o valor lido do *CanalAD* do conversor AD. O *CanalAD* representa o canal de leitura, que pode ser de 0 a 5 no Arduino Uno ou de 0 a 15 no Arduino Mega2560.

15.3.1 Resolução

A resolução do conversor AD do Arduino Uno e Mega é de 10 bits. Isso significa que valores de tensão entre 0 e 5 V serão convertidos em valores entre 0 e 1023. O valor digital do sinal lido pela porta pode ser calculado pela Equação 15.1.

$$V_{AD} = Trunca\left(V \cdot \frac{1023}{5}\right) \quad (15.1)$$

Em que:

V $\rightarrow$ é o valor de tensão analógico entre 0 e 5 volts.

Trunca $\rightarrow$ significa que se deve considerar apenas a parte inteira do valor calculado, desprezando-se, portanto, a parte decimal.

No Arduino Due, a resolução do conversor AD pode ser de até 12 bits. Para isso, podemos utilizar o comando a seguir.

```
analogReadResolution(n);
```

A Equação 15.2 mostra o valor do conversor AD para o Arduino Due, com resolução de n bits.

$$V_{AD} = Trunca\left(V \cdot \frac{(2^n - 1)}{3,3}\right) \tag{15.2}$$

15.3.2 Taxa de amostragem

A taxa de amostragem é um fator importante para evitar o efeito de *Alising*. Como normalmente não trabalharemos com amostras de sinais com intervalos de tempo muito curtos, não aprofundaremos no assunto. O teorema da amostragem revela que a frequência de amostragem de um sinal deve ser maior do que o dobro da maior frequência do sinal amostrado. Isso significa que ao se ler, por exemplo, a cada 0,5 segundo, o sinal não pode ter uma frequência maior do que 1 Hz. Caso contrário ocorrerá o efeito de *Aliasing*. O importante, neste momento, é termos em mente que o ruído possui frequências muito altas e que podem interferir na amostra. Portanto, quando o sinal possuir ruído, é importante usar um filtro passa-baixas.

15.4. O PWM

A modulação por largura de pulso (PWM) é uma forma digital de obter valores médios de tensão que possam variar de 0 V a Vcc que, no caso do Arduino, é 5 V. Dessa forma, varia-se o sinal da porta modulada por PWM de 0 a 5 V.

Na Figura 15.2 são apresentadas as formas de onda de uma saída de 490 Hz e de 980 Hz para o PWM igual a 100. Figura 15.2a mostra a forma de onda para 490 Hz. A Figura 15.2b mostra o sinal PWM para 980 Hz. A tensão média medida foi de 1,87 V e de 1,91 V, respectivamente, obtendo-se valores parecidos com o valor calculado pela Equação 15.1, que é 1,96 V.

Na Figura 15.3 são mostradas as formas de onda para 490 Hz e 980 Hz, para PWM igual a 127. Na Figura 15.3a, Neste caso, o valor médio medido foi de 2,47 V. Na Figura 15.3b, o valor médio também foi de 2,47 V. O valor calculado pela Equação 15.3, foi de 2,49 V.

Na Figura 15.4 são mostradas as formas de onda para 490 Hz e 980 Hz para PWM igual a 200. Na Figura 15.4a, a tensão medida foi 3,87 V, ao passo que na Figura 15.4b, o valor médio foi de 3,94 V. O valor calculado pela Equação 15.3 foi de 3,92 V.

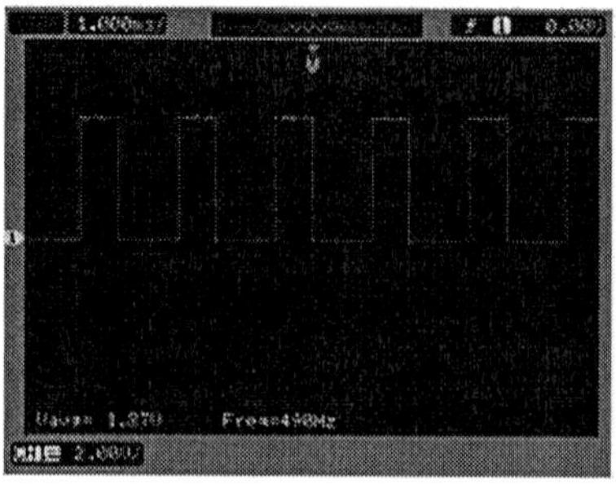

(a) PWM 100, 490 Hz.

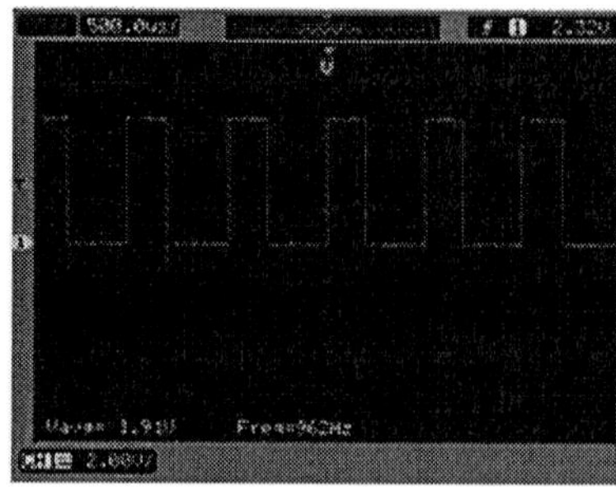

(b) PWM 100, 980 Hz.

Figura 15.2: Valor PWM igual a 100.

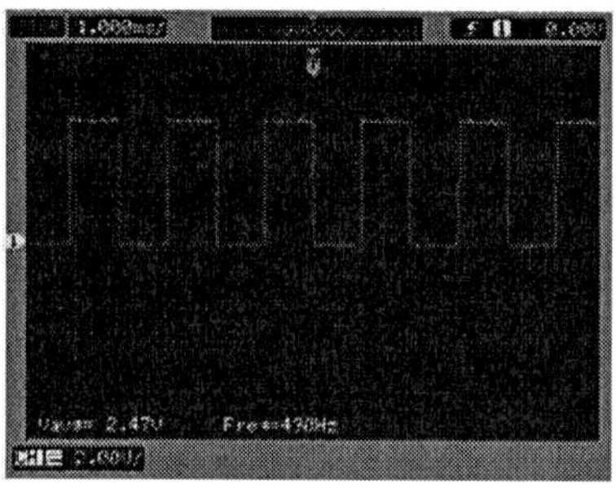

(a) PWM 127, 480 Hz.

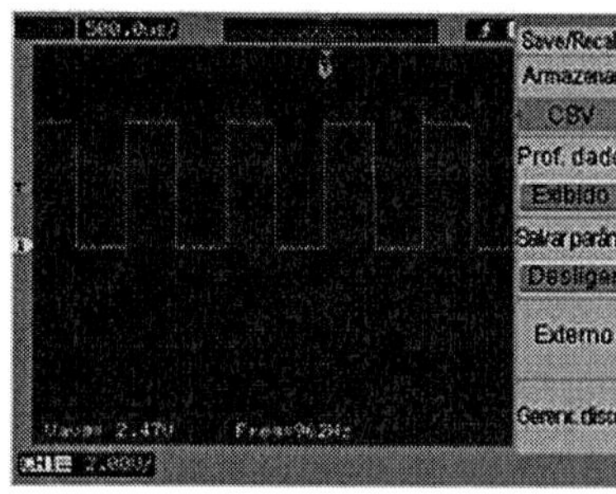

(b) PWM 127, 980 Hz.

Figura 15.3: Valor PWM igual a 127.

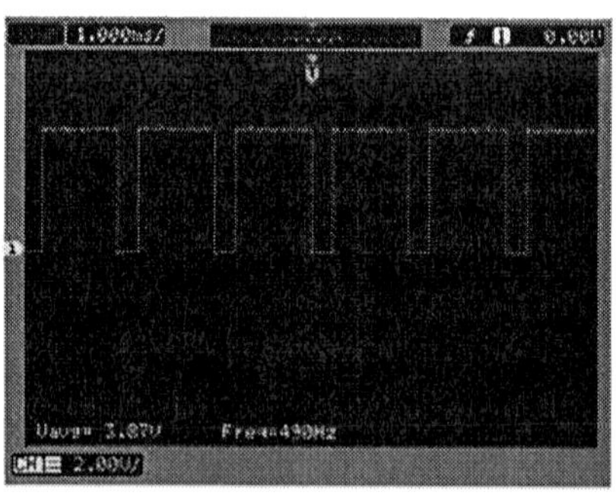

(a) PWM 200, 480 Hz.

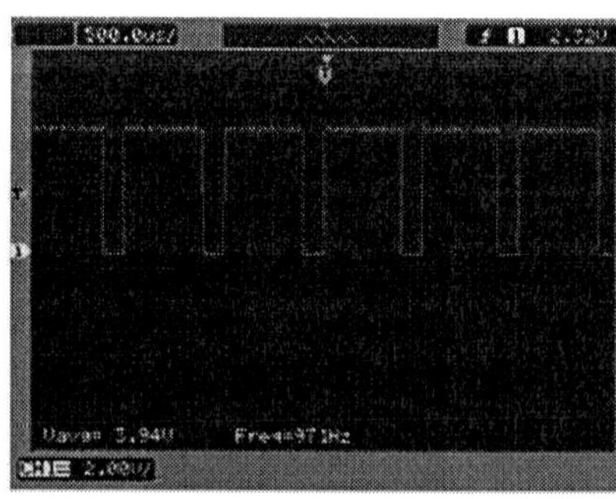

(b) PWM 200, 980 Hz.

Figura 15.4: Valor PWM igual a 200.

No comando acima, Pino pode ser um dos pinos especiais do Arduino que possuem PWM. No caso do UNO, são os pinos 3, 5, 6, 9, 10 ou 11; no caso do

Mega 2560, podem ser os pinos de 2 a 13.

O comando para escrever o sinal PWM é mostrado a seguir.

```
byte vPWM = 100;
byte pino = 3;
analogWrite(pino, vPWM);
```

A tensão média obtida pelo PWM é dada pela Equação 15.3.

$$V_{AVG} = \frac{5 \cdot PWM}{255} \tag{15.3}$$

O IDE padroniza a frequência das saídas PWM do Arduino **Uno**. Há duas frequências de trabalho do PWM, que são 490 Hz e 980 Hz. No primeiro caso, ocorrem nos pinos 3, 9, 10 e 11. No segundo caso, ocorre nos pinos 5 e 6.

Da mesma forma que o Uno, não é padrão do Arduino a alteração da frequência do PWM. Os pinos que trabalham em 490 Hz no **Mega 2560** são: 2, 3, 5, 6, 7, 8, 10, 11 e 12. Já os que trabalham em 980 Hz são: 4 e 13.

Quanto à variável *PWM*, esta pode ser uma variável de 8 bits sem sinal, mas também pode ser uma variável de 16 bits, mas os valores deverão ser entre 0 e 255. Caso você tente inserir valores acima de 255, haverá *overflow*, reiniciando-se a contagem. Para relacionar a tensão média gerada e o valor do PWM, use a equação abaixo:

Agora tente descobrir qual seria o valor PWM para que a tensão média seja, como por exemplo: 3,5 V.

Para o Arduino Due, que trabalha com 3,3 V, podemos aumentar a resolução do PWM a partir do comando a seguir.

```
analogWriteResolution(n);
```

Em que n é um número inteiro entre 1 e 12. A Equação 15.4 mostra a tensão média obtida por PWM. O valor do PWM deverá ser um valor entre 0 e $2^n - 1$.

$$V_{AVG} = \frac{3,3 \cdot PWM}{2^n - 1} \tag{15.4}$$

15.5. Tipos de Memória

O Arduino possui três tipos de memória: SRAM, FLASH e EEPROM. A seguir serão estudadas as memórias.

15.5.1 Memória SRAM

A memória SRAM é aquela volátil, ou seja, todos os dados contidos nessa memória são apagados ao desligar o Arduino. É nessa memória onde ficam armazenadas as variáveis do programa. Vamos analisar o programa do Exemplo 15.2.

Exemplo 15.2 — Memória SRAM. Quantos bytes são necessários para as variáveis do código a seguir?

```
int x,y,z;
char i,j,k;
```

Neste caso, no Arduino Uno, como as variáveis do tipo **int** ocupam 2 bytes cada, e as variáveis do tipo **char** ocupam 1 byte, cada, utilizou-se 9 bytes da SRAM. ■

15.5.2 Memória FLASH

A memória FLASH é aquela onde o programa criado e compilado no IDE é armazenado. Armazena-se, também nesta memória, o *bootloader* do Arduino. O *bootloader* é um programa que já vem gravado pelo fabricante do Arduino, servindo para interfacear o IDE e o Arduino. Um programador comum não tem acesso ao *bootloader*. Segundo (ATMEL, Atmega 328p *datasheet*) e (ATMEL, Atmega2560 datasheet), a memória FLASH possui 10.000 ciclos de operações de escrita e de leitura, tanto para o Arduino Uno quanto para o Arduino Mega 2560.

15.5.3 Memória EEPROM

A EEPROM é uma memória não volátil, usada para armazenar dados que não podem ser perdidos ao se desligar o Arduino. Para acessar a EEPROM é necessário incluir a biblioteca e utilizar dois comandos, um de leitura e outro de escrita. O exemplo a seguir mostra como usar a EEPROM. Deve-se inserir o comando mostrado no código a seguir.

```
#include <EEPROM.h>
```

Para a leitura de dados da EEPROM, uma variável x de 8 bits deve receber o dado lido, como visto no código a seguir.

```
byte x = EEPROM.read(endereco);
```

Para a escrita, deve-se escrever o comando mostrado no código a seguir:

```
EEPROM.write(endereco, valor);
```

Deve-se lembrar que o endereço é a posição na memória em que o dado será armazenado. Logo, para o Arduino Uno, são 2 kB (0 a 2047), e o Mega 2560 são 4 kB (0 a 4095).

Se é necessário o armazenamento de um número crescente de dados, é necessário criar uma espécie de índice de arquivo, que armazena o endereço do último dado armazenado. Veja o algoritmo do Exemplo 15.3.

Exemplo 15.3 — Memória EEPROM. Desenvolva um algoritmo que armazene dados de 8 bits oriundos de um sensor analógico. Este algoritmo deve armazenar todos os dados adquiridos, mesmo que haja reinício do programa (como por exemplo, o RESET).

```
#include <EEPROM.h>
char valor;
int endereco;
void setup(){
  endereco = EEPROM.read(0x00);
  valor = analogRead(A0)>>2;
  EEPROM.write(endereco, valor);
  endereco++;
  EEPROM.write(0x00, endereco);
}
```

O índice de arquivo é armazenado no endereço 0x00. Neste exemplo podem ser armazenados 254 dados de 1 byte. ■

Importante! A memória EEPROM deve ser usada de forma moderada, de forma a não substituir a memória RAM. Há pelo menos duas razões para este alerta. A primeira justificativa é que as operações usando a memória RAM são mais rápidas. A segunda justificativa é que a memória EEPROM possui um ciclo de utilização (gravação e leitura) muito menor do que a memória RAM. Operações repetitivas na EEPROM devem ser, portanto, evitadas. Se o código acima for modificado para armazenar os dados lidos pelo conversor AD na EEPROM, a vida útil da memória EEPROM será reduzida, logo em pouco tempo de uso, dever-se-á substituir o Arduino. Segundo (ATMEL, Atmega 328p datasheet) e (ATMEL, Atmega2560 datasheet), a memória EEPROM possui 100.000 ciclos de operações de escrita e de leitura, tanto para o Arduino Uno quanto para o Arduino Mega 2560.

Se for necessário armazenar dados com mais de 1 byte, como variáveis float ou mesmo estruturas, podemos utilizar os comandos **put** e **get**.

Para gravar dados de uma variável ou estrutura, usamos o comando a seguir.

```
EEPROM.put(endereco, dado);
```

Para recuperar o dado, basta utilizar o comando a seguir.

```
EEPROM.get(endereco, dado);
```

Pelo fato de uma estrutura conter um tamanho que varie conforme a quantidade de suas variáveis, é necessário utilizar a função a seguir, que retorna o tamanho da estrutura ou da variável.

```
tamanhoDado = sizeof(dado);
```

Para compreendermos melhor a utilização de **put** e **get**, vejamos o Exemplo 15.4, em que é criado um vetor de estruturas. A estrutura criada, chamada de **Tcadastro**, possui três tipos de variáveis. Após gravar os dados na EEPROM utilizando o comando **EEPROM.put**, utiliza-se o comando **EEPROM.get**. Deve ser relembrado que a função **sizeof** retorna o tamanho de memória ocupado pela estrutura.

Exemplo 15.4 — EEPROM. Salve dados na EEPROM de três pessoas. Os dados devem ser de *idade*, *CEP*, e *salario*. Após gravar os dados, imprima-os na porta serial.

```
#include <EEPROM.h>

typedef struct{
  byte idade;
  long CEP;
  int salario;
}Tcadastro;

Tcadastro pessoa[3];
```

```
void setup() {
  Serial.begin(9600);
  int n = 0x00;
  pessoa[0].idade = 38;
  pessoa[0].CEP = 35000000;
  pessoa[0].salario = 1000;
  pessoa[1].idade = 40;
  pessoa[1].CEP = 21000000;
  pessoa[1].salario = 2000;
  pessoa[2].idade = 50;
  pessoa[2].CEP = 11000000;
  pessoa[2].salario = 5000;
  EEPROM.put(n,pessoa[0]);
  n = sizeof(pessoa[0]);
  EEPROM.put(n,pessoa[1]);
  n = n+sizeof(pessoa[1]);
  EEPROM.put(n,pessoa[2]);
  delay(2000);
  Tcadastro x;
  for(int i=0;i<3;i++){
    n = i*sizeof(x);
    EEPROM.get(n,x);
    Serial.println(x.idade);
    Serial.println(x.CEP);
    Serial.println(x.salario);
  }
}

void loop() {
}
```

■

15.6. Abas extras do IDE

O IDE oferece uma ferramenta para a criação de abas que auxilia na organização de seus projetos. Para criar uma nova aba, clique no botão abaixo do botão que abre o *Monitor Serial*. Ao clicá-lo, aparece uma janela para a edição de abas, vista na Figura 15.5.

Ao clicar em **Nova Aba**, é aberto um editor para nomear a aba, conforme mostrado na Figura 15.6. Ao escrever o nome da aba, clique em *OK*. Ao finalizar o procedimento, uma nova aba é criada, como visto na Figura 15.7.

A aba criada é, na verdade, um arquivo com a extensão de um *sketch* Arduino (**.ino**). Na aba criada pode-se colocar funções que sejam necessárias ao seu projeto, de forma a facilitar a busca para sua edição ou verificação do código, evitando com que você perca tempo procurando suas funções.

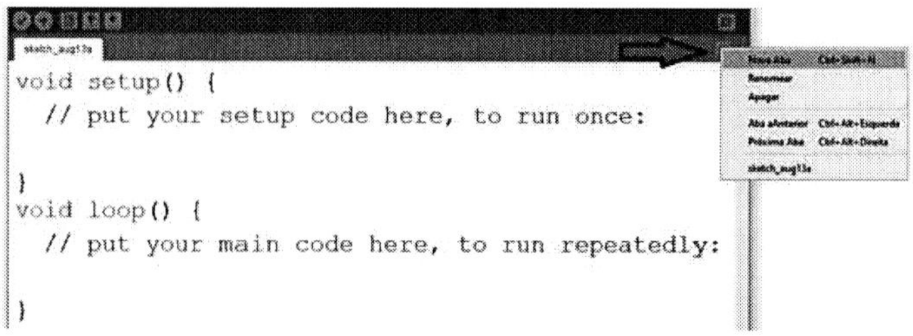

Figura 15.5: Criação de uma nova aba.

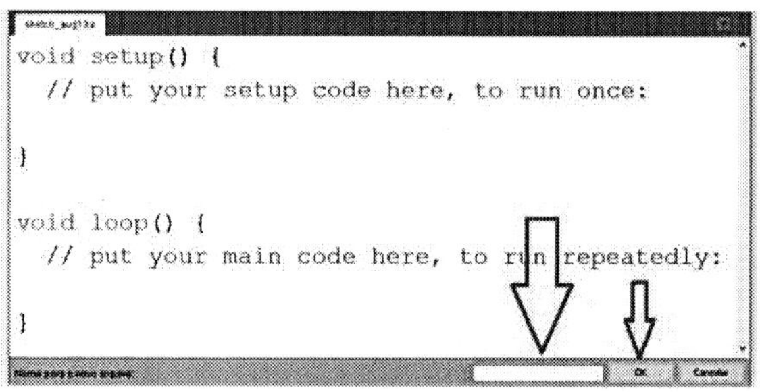

Figura 15.6: Edição do nome da aba.

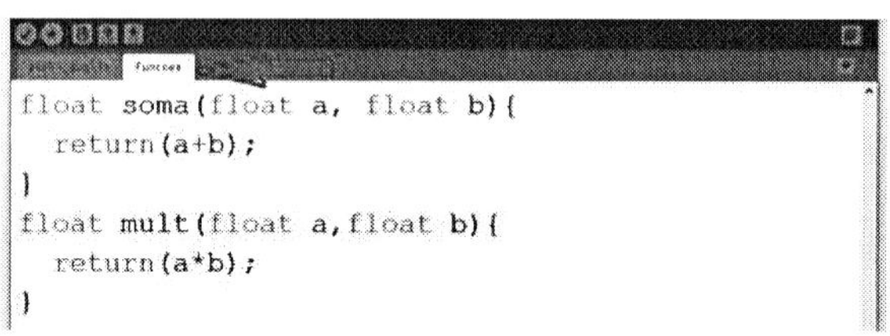

Figura 15.7: Edição de funções na nova aba.

15.7. Problemas

Problema 15.1 Cite as principais funções dos pinos do Arduino Uno.

Problema 15.2 Cite as principais funções dos pinos do Arduino Mega 2560.

Problema 15.3 Cite as principais funções dos pinos do Arduino Due.

Problema 15.4 — Memórias. Diferencie memória FLASH, EEPROM e RAM.

Problema 15.5 — Conversor AD. Qual é o valor de leitura do AD quando medir as seguintes tensões:
a) 3,30 V
b) 1,20 V
c) 4,50 V
d) 2,55 V

Problema 15.6 — O PWM. Qual deverá ser o valor de escrita do PWM para a obtenção dos seguintes valores médios de:
a) 2,4 V
b) 1,0 V
c) 4,5 V
d) 2,2 V

Problema 15.7 — Serial. Escreva um algoritmo que leia a porta analógica escolhida por um usuário. A porta analógica deve ser informada pela serial. O valor AD e o canal lido pelo Arduino deverá ser enviado pela Serial.

Problema 15.8 — EEPROM. Escreva um algoritmo que grave na EEPROM dados do conversor AD (convertidos em 8 bits) a cada 200 milissegundos. Crie uma pilha que armazene 100 valores na EEPROM.

Problema 15.9 — EEPROM. Escreva um algoritmo que grave na EEPROM dados de uma estrutura a cada 200 milissegundos. Crie uma pilha que armazene 100 valores na EEPROM. Não se esqueça de armazenar o ponteiro da pilha na própria EEPROM. A estrutura é mostrada a seguir:

```
struct{
  unsigned long ID;
  unsigned umidade;
  int temperatura;
} Tsensor;
```

VI Respostas dos problemas

16 Respostas do Livro

16.1. Respostas do Capítulo 1

Problemas do Capítulo 1.

Problema 1.1 - O Arduino agiliza o processo de prototipação, uma vez que já existe a placa pronta para encaixar dispositivos, por meio dos seus conectores. Além disso, há uma enorme quantidade de projetos e de bibliotecas disponíveis gratuitamente na internet.

Problema 1.2 - Arduino é uma plataforma de prototipação, com um IDE de código aberto, permitindo que outras empresas produzam suas próprias placas, podendo utilizar o mesmo IDE.

Problema 1.3 - Basta pesquisar no Google o tema *Projetos com Arduino*.

Problema 1.4 - Caso tenha dúvidas, há um vídeo no Youtube:
`https://www.youtube.com/watch?v=04xcylgRddc`

Problema 1.5 - O *Blink* modificado:

Pisca

```
void setup() {
  pinMode(LED_BUILTIN, OUTPUT);
}
void loop() {
  digitalWrite(LED_BUILTIN, HIGH);
  delay(2000);
  digitalWrite(LED_BUILTIN, LOW);
  delay(5000);
}
```

Problema 1.6 - Podemos encontrar vários. Alguns mais antigos como o

89C52, 89S52, PIC 16F877, PIC 18F4550, 18F4520. Também encontramos o STM32, ESP8266, ESP32 e ESP LoRa. Os últimos possuem muitas vantagens, como preço e poder de processamento, mas o Arduino é o mais didático, sendo mais fácil aprender sobre os conceitos de microcontroladores. Mais tarde, com os conceitos aprendidos, você poderá utilizar o IDE para utilizar esses últimos citados.

Problema 1.7 - Verifique onde baixar o IDE. Verifique quais são as placas Arduino disponíveis para compra.

Problema 1.8 - Subjetivo. Procure alguns sites. Dê preferências aos sites no Brasil, para evitar problemas de entrega.

Problema 1.9 - O servo 9g permite o desenvolvimento de diversos projetos. Seu custo é baixo, permitindo que você possa comprá-lo juntamente com outros componentes e com o Arduino.

Problema 1.10 - Subjetivo. À medida em que você conhecer o Arduino, poderá ter mais critérios para esta questão.

16.2. Respostas do Capítulo 2

Problemas do Capítulo 2.

Problema 2.1 - Sketch do Pisca.

Pisca

```
const int LED1 = 9;
const int LED2 = 10;
const int LED3 = 11;
const int LED4 = 12;

void setup() {
  pinMode(LED1, OUTPUT);
  pinMode(LED2, OUTPUT);
  pinMode(LED3, OUTPUT);
  pinMode(LED4, OUTPUT);
}
```

```
void loop() {
  digitalWrite(LED1, HIGH);
  delay(1000);
  digitalWrite(LED2, HIGH);
  delay(1000);
  digitalWrite(LED3, HIGH);
  delay(1000);
  digitalWrite(LED4, HIGH);
  delay(1000);
  digitalWrite(LED1, LOW);
  digitalWrite(LED2, LOW);
  digitalWrite(LED3, LOW);
  digitalWrite(LED4, LOW);
  delay(2000);
}
```

Problema 2.2 - Existem diversos sensores discretos, mostrados na Figura 16.1.

(a) Sensor de nível discreto.

(b) Chave óptica.

(c) Sensor de linha.

(d) Chave fim de curso.

Figura 16.1: Sensores do Problema 2.2.

Problema 2.3 - Questão subjetiva, mas há blogs e lojas que, além de venderem produtos, mostram projetos com esses componentes.

Problema 2.4 - Veja o sketch.

LigaLed

```
const int LED = 13;
const int BotLiga = 5;
const int BotDesLiga = 4;
void setup() {
  pinMode(LED, OUTPUT);
  pinMode(BotLiga, INPUT_PULLUP);
  pinMode(BotDesliga, INPUT_PULLUP);
}
void loop() {
  if(digitalRead(BotLiga)==false){
    digitalWrite(LED,HIGH);
  }
  if(digitalRead(BotDesLiga)==false){
    digitalWrite(LED,LOW);
  }
}
```

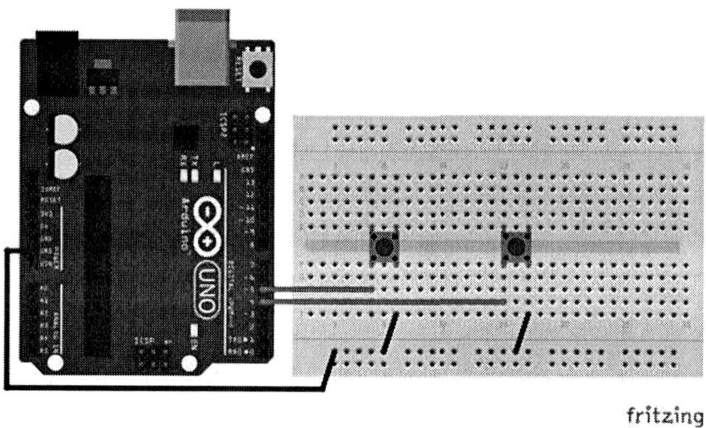

Figura 16.2: Circuito do Problema 2.4.

16.3. Respostas do Capítulo 3

Problemas do Capítulo 3.

Problema 3.1 - Sketch a seguir:

```
  const int LED = 13;
void setup() {
  pinMode(LED, OUTPUT);
  Serial.begin(9600);
}
void loop() {
  digitalWrite(LED,HIGH);
  Serial.println("LED ligado.");
  delay(1000);
  digitalWrite(LED,LOW);
  Serial.println("LED desligado.");
  delay(1000);
}
```

Problema 3.2 - Sketch a seguir:

```
const int LED = 13;
void setup() {
  pinMode(LED, OUTPUT);
  Serial.begin(9600);
}
void loop() {
  if(Serial.available()>0){
    byte x = Serial.read();
    if(x=='L'){
      digitalWrite(LED,HIGH);
    }
    if(x=='D'){
      digitalWrite(LED,LOW);
    }
  }
}
```

16.4. Respostas do Capítulo 4

Problemas do Capítulo 4.

Problema 4.1 - Será impresso no Monitor Serial:

$x = 1111101000$ $y = 1000000000$ $z = 10101$

Problema 4.2 - Basta utilizar o parâmetro HEXA.

```
void setup() {
  Serial.begin(9600);
  unsigned x;
  unsigned y;
  unsigned z;
  x = 1000;
  y = 0x200;
  z = 0b10101;
  Serial.println("x = ");
  Serial.println(x, HEXA);
  Serial.print("y = ");
  Serial.println(y, HEXA);
  Serial.print("z = ");
  Serial.println(z, HEXA);
}

void loop() {

}
```

Problema 4.3 - Olhando a Tabela 4.1:

a) 0b1010.1111 b) 0b1.0000 c) 0b100.0101

d) 0b1110.1111 e) 0b1.0010.0011.0100 f) 0b1.0010.0110

Problema 4.4 - Realizando o cálculo pelo Teorema 3.

a) 250 b) 260 c) 1101

d) 221 e) 4386 f) 280

Problema 4.5 - Utilizando o Teorema 1.

a) 0b1011 b) 0b11.0110 c) 100.1110 d) 0b1111

e) 0b10.0000.0001 f) 0b11.0111 g) 0b10.1101

h) 0b100.0001 i) 0b1.1001 j) 0b11111010000

Problema 4.6 - Utilizando o Teorema 3.

a) 10 b) 302 c) 21 d) 45025 e) 59

16.5. Respostas do Capítulo 5

Problemas do Capítulo 5.

Problema 5.1 - São representados, em ASCII, segundo a Tabela 5.4:

a) 127: 0x31 0x32 0x37 b) 200: 0x32 0x30 0x30

c) 1000: 0x31 0x30 0x30 0x30 d) 2048: 0x32 0x30 0x34 0x38

e) 500: 0x35 0x30 0x30 f) 204: 0x32 0x30 0x32

g) 2049: 0x32 0x30 0x34 0x39

h) 20000: 0x32 0x30 0x30 0x30 0x30

Problema 5.2 - São represntados pelos seguintes nibbles, em binário:

a) 127: 0001.0010.0111 b) 200: 0010.0000.0000

c) 1000: 0001.0000.0000.0000 d) 2048: 0010.0000.0100.1000

e) 500: 0101.0000.0000 f) 204: 0010.0000.0100

g) 2049: 0010.0000.0100.1001

Problema 5.3 - Convertendo binário para Gray:

a) 0b11: 0010 b) 0b101: 0111 c) 0b1000 1100

d) 0b1010 1111 e) 0b100: 0110

Problema 5.4 - Convertendo decimal para BCD:

a) 19: 0001.1001 b) 25: 0010.0101

c) 170649: 0001.0111.0000.0100.0100.1001

d) 199: 0001.1001.1001 e) 2000: 0010.0000.0000.0000.

Problema 5.5 - Convertendo de Hexa para BCD: antes de determinar os valores em BCD, devemos converter de hexadecimal para decimal.

a) 0x18 $=24_d = 0010.0100_{BCD}$ b) 0x25 $= 37_d = 0011.0111_{BCD}$

c) 0x6F $= 111_d = 0001.0001.0001_{BCD}$

d) 0xA0 $= 160_d = 0001.0100.0000_{BCD}$

e) 0x1F $= 31_d = 0011.0001_{BCD}$

Problema 5.6 - Cada caractere é representado por um byte. Logo, basta contar o número de caracteres. Quanto aos valores de cada caractere, devemos observar a Tabela 5.4.

a) ASCII: 5 bytes = 0x41.53.43.49.49

b) Inteiro: 7 bytes = 0x49.6E.74.65.69.72.6F

c) Byte: 4 bytes = 0x42.79.74.65

d) Ponto flutuante:
15 bytes = 0x50.6F.6E.74.6F.20.66.6C.75.74.75.61.6E.74.65

e) Amo Arduino: 11 bytes = 0x41.6D.6F.20.41.72.64.75.69.6E.6F

16.6. Respostas do Capítulo 6

Problemas do Capítulo 6.

Problema 6.1 - Basta procurar na internet.

a) 7400: CI com 4 portas NAND de 2 entradas, cada.
b) 7402: CI com 4 portas NOR de 2 entradas, cada.

c) 7404: CI com 6 portas NOT.
d) 7408: CI com 4 portas AND de 2 entradas, cada.
e) 7432: CI com 4 portas OR de 2 entradas, cada.

Problema 6.2 - Olhar as seguintes tabelas do Capítulo 6.
a) OR: Tabela 6.5.
b) AND: Tabela 6.3.
c) NOT: Tabela 6.2.
d) NOR: Tabela 6.6.
e) NAND: Tabela 6.4.

Problema 6.3 - Análise do circuito lógico.

a) $S = (A \cdot B) \cdot \overline{(A+C)} + \overline{(C \cdot D)} \cdot \overline{(C+D) + (A \cdot B)}$

b) $S = \overline{A} \cdot \overline{C} \cdot \overline{D} + \overline{B} \cdot \overline{C} \cdot \overline{D}$

c) A Tabela-verdade:

A	B	C	D	S
0	0	0	0	**1**
0	0	0	1	**0**
0	0	1	0	**0**
0	0	1	1	**0**

A	B	C	D	S
0	1	0	0	**1**
0	1	0	1	**0**
0	1	1	0	**0**
0	1	1	1	**0**

A	B	C	D	S
1	0	0	0	**1**
1	0	0	1	**0**
1	0	1	0	**0**
1	0	1	1	**0**

A	B	C	D	S
1	1	0	0	**0**
1	1	0	1	**0**
1	1	1	0	**0**
1	1	1	1	**0**

d) Mapa de Karnaugh:

	$\bar{C}\bar{D}$	$\bar{C}D$	CD	$C\bar{D}$
$\bar{A}\bar{B}$	1	0	0	0
$\bar{A}B$	1	0	0	0
AB	0	0	0	0
$A\bar{B}$	1	0	0	0

Simplificando: $S = \bar{A} \cdot \bar{C} \cdot \bar{D} + \bar{B} \cdot \bar{C} \cdot \bar{D}$

Problema 6.4 - Segundo o Exemplo 6.13, $S = \bar{C} + \bar{D} + \bar{A} \cdot B$

Problema 6.5 - Foram citados ao longo da Seção 6.5.

Problema 6.6 - Tabela-verdade para circuitos XOR e XNOR.

a) XOR

A	B	S
0	0	0
0	1	1
1	0	1
1	1	0

b) XNOR

A	B	S
0	0	1
0	1	0
1	0	0
1	1	1

16.7. Respostas do Capítulo 7

Problemas do Capítulo 7.

Problema 7.1 - Filtro Média Móvel. Os dados foram processados diretamente do algoritmo de MovAVG apresentado neste capítulo.

	85	89	82	91	84	87	85	90	98	86	97	81
a)	85	87	85,5	86,5	87,5	85,5	86	87,5	94	92	91,5	89
b)	85	85,8	85,2	86,4	86,2	86,6	85,8	87,4	88,8	89,2	91,2	90,4

Tabela 16.1: Problema 7.1

Problema 7.2 - Os dados foram processados diretamente do algoritmo de FPB deste capítulo.

	2	-4	-1	6	-2	5	1	-3	4	-6	3	-7
a)	2	-1	-1	2,5	0,25	2,63	1,81	0,59	1,7	-2,15	0,43	-3,29
b)	2	0,2	-0,16	1,69	0,58	1,91	1,63	0,24	1,37	-0,84	0,31	-1,88

Tabela 16.2: Problema 7.2

Problema 7.3 - Os dados foram apresentados diretamente do algoritmo MovAVG.

	2	-4	-1	6	-2	5	1	-3	4	-6	3	-7
a)	2	-1	-2,5	2,5	2	1,5	3	-1	0,5	-1	-1,5	-2
b)	2	0,5	-0,25	0,75	-0,25	2	2,5	0,25	1,75	-1	-0,5	-1,5

Tabela 16.3: Problema 7.3

Problema 7.4 - Utilizando o algoritmo de KF deste capítulo.

	2	-4	-1	6	-2	5	1	-3	4	-6	3	-7
KF)	24,67	-0,75	-0,9	3,36	0,05	3,11	1,81	-1,16	2,03	-2,93	0,73	-4,05

Tabela 16.4: Problema 7.4

Problema 7.5 - Os dados estão mostrados na Figura a seguir.
Parâmetros utilizados:
MovAVG: n = 5;
FPB: $\alpha = 0,7$.
KF: $\hat{x}_o = 5000$, $P_o = 1$, $A = 1$, $P = 1$, $H = 1$, $Q = 1$, $R = 1$.

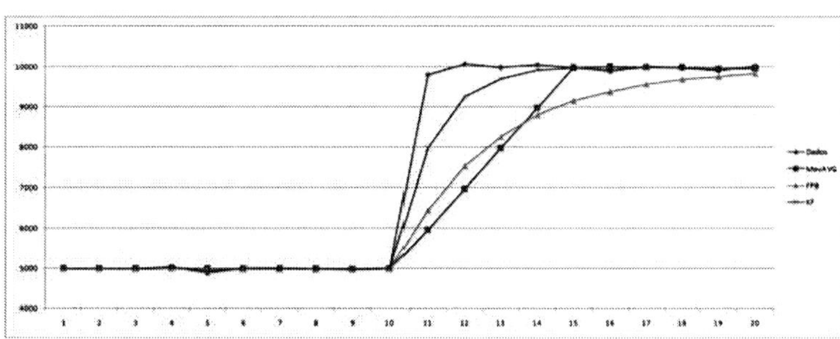

Figura 16.3: Problema 7.5

Problema 7.6 - Os gráficos foram plotados ao longo das questões.

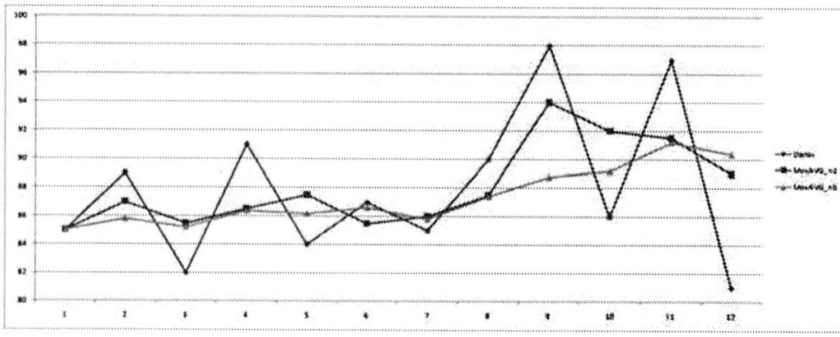

Figura 16.4: Problema 7.1

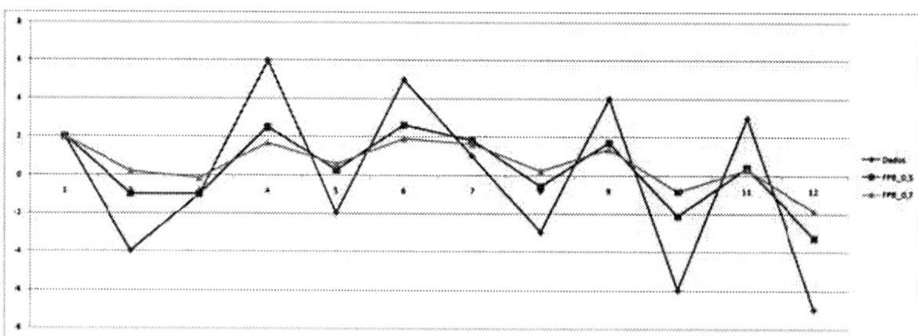

Figura 16.5: Problema 7.2

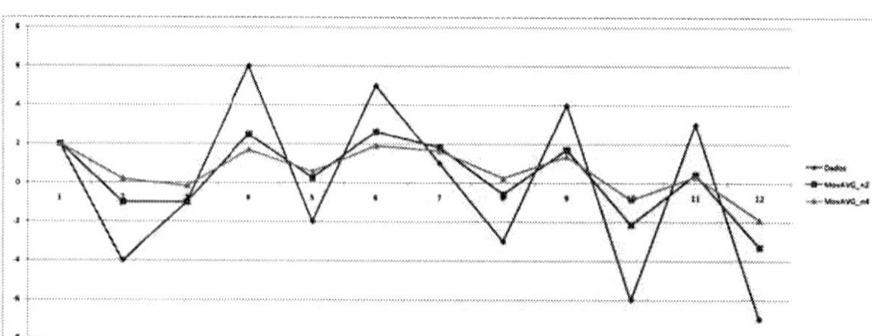

Figura 16.6: Problema 7.3

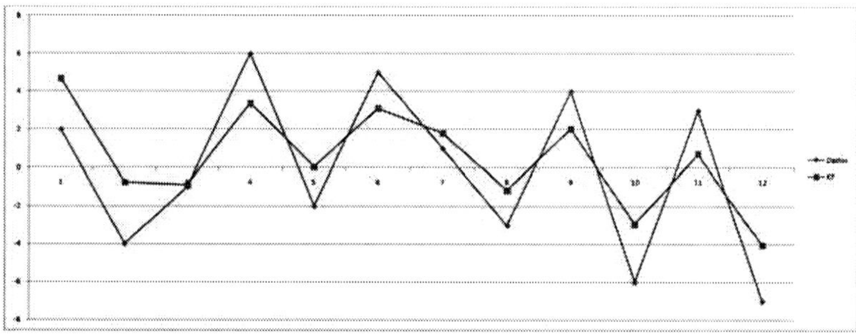

Figura 16.7: Problema 7.4

16.8. Respostas do Capítulo 8

Problemas do Capítulo 8.

Problema 8.1 - As variáveis podem ser acessadas de qualquer parte do programa. As variáveis locais apenas podem ser acessadas de um trecho do programa; ao finalizar esse trecho, a variável é destruída e o seu valor é perdido.

Problema 8.2 - Para o Arduino, são usadas: boolean, byte, char, int, unsigned int, long int, float, double. Para fixar o tipo, independente do número de bits do microcontrolador, podemos usar os tipos sem sinal: uint8_t, uint16_t, uint32_t, uint64_t e os tipos com sinal: int8_t, int16_t, int32_t e int64_t.

Problema 8.3 - No *void setup* o código é executado uma única vez. No *void loop* o código é executado de forma contínua. Normalmente o hardware é configurado em *setup*.

Problema 8.4 - *Overflow* é o estouro da variável. Ocorre quando o valor a ser armazenado é maior do que o valor máximo que a variável pode armazenar.

Problema 8.5 - Foram definidos ao longo do capítulo.

Problema 8.6 - Variáveis de tipo inteiro são mais rápidas e armazenam valores inteiros. Variáveis de ponto flutuante são mais lentas, servindo para armazenar valores com números racionais ou irracionais.

Problema 8.7 - Haverá *overflow*, logo $z = 44$.

Problema 8.8 - Não haverá *overflow*, logo $z = 300$.

Problema 8.9 - Um exemplo de algoritmo:

```
float x[] = {1, 2, 3, 4, 5, 6, 7, 8, 9, 10};
void setup() {
  Serial.begin(9600);
  float media=0;
  for(int i=0;i<10;i++){
    media+=x[i];
  }
  media/=10;
  delay(500);
  Serial.println(media);
}
void loop() {
}
```

16.9. Respostas do Capítulo 9

Problemas do Capítulo 9.

Problema 9.1 - Os valores das variáveis são: $x = 100$, $y = 100$ e $z = 102$.

Problema 9.2 - Os valores das variáveis são: $x = 100$, $y = 99$ e $z = 99$.

Problema 9.3 - Os valores das variáveis são: $x = 101$, $y = 100$ e $z = 50$.

Problema 9.4 - Os valores das variáveis são: $x = 100$, $y = 2$, $z = 50$ e $k = 0$.

Problema 9.5 - Os valores das variáveis são: $x = 0xAF$, $y = 0xFA$, $z = 0xAA$ e $k = 1$.

Problema 9.6 - Os valores das variáveis são: $x = 0xAF$, $y = 0xFA$, $z = 0x50$ e $k = 0$.

Problema 9.7 - Os valores das variáveis são, em binário: $x = 0b0001.1110$, $y = 0b0011.0111$ e $z = 0b0010.1001$.

Problema 9.8 - Os valores das variáveis são: $x = 10$, $y = 9$ e $z = false$.

Problema 9.9 - Os valores das variáveis são: $x = 10$, $y = 9$ e $z = true$.

16.10. Respostas do Capítulo 10

Problemas do Capítulo 10.

Problema 10.1 - O valor de x será 12.

Problema 10.2 - O valor impresso será: **x diferente de 20**.

Problema 10.3 - A variável x será igual a 31.

Problema 10.4 - A variável x será igual a 57.

Problema 10.5 - A variável x será igual a 16.

Problema 10.6 - A variável x será igual a 18.

16.11. Respostas do Capítulo 11

Problemas do Capítulo 11.

Problema 11.1 - A função é mostrada a seguir:

```
float media3(float a, float b, float c){
  return((a+b+c)/3);
}
```

Problema 11.2 - O *sketch* é mostrado a seguir:

```
void setup() {
  Serial.begin(9600);
  pinMode(5,INPUT_PULLUP);
  pinMode(13,OUTPUT);
}

void loop() {
  if(digitalRead(5)==HIGH){
    digitalWrite(13,HIGH);
    delay(5000);
    digitalWrite(13,LOW);
    delay(1000);
  }else{
    digitalWrite(13,HIGH);
    delay(500);
    digitalWrite(13,LOW);
    delay(500);
  }
}
```

Problema 11.3 - O valor de x é 100 e o valor de y é 50.

Problema 11.4 - O valor de x é 500 e o valor de y é 100.

Problema 11.5 - Uma forma de corrigir o *sketch* é:

```
int x = 2;
void setup(){
  Serial.begin(9600);
  Serial.println("Iniciando");
  if (x == 2){
    Serial.println("X e igual a 2");
  }
}
void loop(){
  if (x==2) {
    digitalWrite(13,HIGH);
  }
}
```

Problema 11.6 - O valor de y é 0.

Problema 11.7 - Um *sketch* que determina o menor valor de 100 pode ser visto a seguir.

```
int16_t vetor[100];

void setup(){
  Serial.begin(9600);
  int16_t menor,n;
  n = sizeof(vetor)/2;
  for(int i=0;i<n;i++){
    vetor[i] = random(1000);
    Serial.println(vetor[i]);
  }
  menor = minimo(vetor,n);
  Serial.println("Menor "+String(menor));
}

void loop(){

}

int minimo(int16_t vet[],int n){
  int16_t xmin = vet[0];
  for(int i=0;i<n;i++){
    if(xmin>vet[i]){
      xmin = vet[i];
    }
  }
  return(xmin);
}
```

Problema 11.8 - Observar o Problema 11.7 e Problema 8.11.

Problema 11.9 - Ver o *sketch*.

```
void setup(){
  double valor_sen;
  double valor_cos;
  double valor_tg;
  float angulo_graus;
  float angulo_radianos;
  Serial.begin(9600);
  for(angulo_graus=0;angulo_graus<=180;angulo_graus++){
    angulo_radianos = angulo_graus*3.141592/180;
    valor_sen = sin(angulo_radianos);
    valor_cos = cos(angulo_radianos);
    valor_tg = tan(angulo_radianos);
    Serial.println(String(angulo_graus)+"\t"+
    String(valor_sen)+"\t"+String(valor_cos)+"\t"+
    String(valor_tg));
  }
}

void loop(){

}
```

Problema 11.10 - Este projeto pode ser desenvolvido como:

```
float DISTANCIA = 1; //distancia entre inicio e fim
unsigned long int t_inicio, t_fim, intervalo;
float t;
byte estado = 0;

void setup(){
  pinMode(10,INPUT_PULLUP); //Botao INICIO
  pinMode(11,INPUT_PULLUP); //Sensor FINAL
  Serial.begin(9600);
}
```

```
void loop(){
  if(digitalRead(10)==0){ //0-Botao apertado;1-Botao livre
    if(estado==0){
      t_inicio = millis();
      estado = 1;
    }
  }
  if(digitalRead(11)==0){ //0-Passou pelo sensor
    if(estado==1){
      t_fim = millis();
      intervalo = t_fim - t_inicio;
      t = intervalo/1000.0;
      float aceleracao = 2.0*DISTANCIA/(t*t);
      Serial.print("Aceleracao ");
      Serial.print(aceleracao);
      Serial.println(" m/s^2");
      estado = 0;
    }
  }
}
```

16.12. Respostas do Capítulo 12

Problemas do Capítulo 12.

Problema 12.1 - É mostrado um algoritmo para armazenar valores de dois motores em forma de estruturas.

```
typedef struct{
  int PWM;
  int ID;
  int sentido;
  int pino_Sentido;
  int pino_PWM;
}Tmotor;

Tmotor motor[2];
```

```
void setup() {
  Serial.begin(9600);
  motor[0].ID = 1;
  motor[0].sentido = 0;
  motor[0].PWM = 150;
  motor[0].pino_Sentido = 4;
  motor[0].pino_PWM = 5;
  motor[1].ID = 2;
  motor[1].sentido = 1;
  motor[1].PWM = 200;
  motor[1].pino_Sentido = 6;
  motor[1].pino_PWM = 9;
  for(int i=0;i<2;i++){
    Serial.println(motor[i].ID);
    Serial.println(motor[i].sentido);
    Serial.println(motor[i].PWM);
    Serial.println(motor[i].pino_Sentido);
    Serial.println(motor[i].pino_PWM);
  }
}
void loop() {

}
```

Problema 12.2 - Pode ser utilizado o algoritmo a seguir.

```
typedef union{
  long int inteiro;
  byte caractere[4];
}Tuniao;

Tuniao uniao;

void setup() {
  Serial.begin(9600);
  uniao.inteiro = 0x12345678;
  Serial.println(uniao.inteiro,HEX);
  Serial.println(uniao.caractere[0],HEX);
  Serial.println(uniao.caractere[1],HEX);
  Serial.println(uniao.caractere[2],HEX);
  Serial.println(uniao.caractere[3],HEX);
}
void loop() {

}
```

O resultado é dado por: **0x12345678**, **0x78**, **0x56**, **0x34** e **0x12**.

Problema 12.3 - Essa questão é um projeto maior, que poderá ser respondida no livro de Projetos.

Problema 12.4 - Um *sketch* pode ser visto a seguir.

```
void setup() {
  float x,y,z;
  x = 100;
  y = 200;
  Serial.begin(9600);
  z = soma(&x,&y);
  Serial.println(z);
}
void loop() {

}
float soma(float *a, float *b){
  float x;
  x = *a + *b;
  return(x);
}
```

Problema 12.5 - Valor das variáveis: $a = 220$, $b = 200$ e $*c = 220$. O ponteiro c aponta para a.

16.13. Respostas do Capítulo 13

Problemas do Capítulo 13.

Problema 13.1 - O projeto completo é mostrado a seguir.

O *sketch* é mostrado abaixo:

```
#include <definaPINO.h>
void setup() {
  Serial.begin(9600);
  definaPINO(13);
}
void loop() {
  ligaPINO(13);
  delay(1000);
  desligaPINO(13);
  delay(1000);
}
```

O arquivo H é mostrado a seguir:

```
#ifndef _definaPINO
#define _definaPINO
#include <Arduino.h>
void ligaPINO(int pino);
void desligaPINO(int pino);
void definaPINO(int pino);
#endif
```

O arquivo CPP é mostrado a seguir:

```
#include "definaPINO.h"

void ligaPINO(int pino){
  digitalWrite(pino,HIGH);
}
void desligaPINO(int pino){
  digitalWrite(pino,LOW);
}
void definaPINO(int pino){
  pinMode(pino,OUTPUT);
}
```

Problema 13.2 - O projeto completo é mostrado a seguir.

O **sketch** pode ser visto a seguir:

```
#include <leituraPINO.h>
void setup() {
  Serial.begin(9600);
  definaEntrada(4);
}
void loop() {
  if(leiaPINO(4)==HIGH){
    Serial.println("1");
  }else{
    Serial.println("0");
  }
}
```

O arquivo H:

```
#ifndef _leituraPINO
#define _leituraPINO
#include <Arduino.h>
boolean leiaPINO(int pino);
void definaEntrada(int pino);
#endif
```

O arquivo CPP:

```
#include "leituraPINO.h"
boolean leiaPINO(int pino){
  return(digitalRead(pino));
}
void definaEntrada(int pino){
  pinMode(pino,INPUT_PULLUP);
}
```

16.14. Respostas do Capítulo 14

Problemas do Capítulo 14.

Problema 14.1 - O projeto completo é mostrado a seguir.

O **sketch** pode ser visto a seguir:

```
#include <atuador.h>
atuador led;
void setup() {
  led.definaPINO(13);
}
void loop() {
  led.liga();
  delay(1000);
  led.desliga();
  delay(1000);
}
```

O arquivo H:

```
#ifndef _atuador
#define _atuador
#include <Arduino.h>
class atuador{
  public:
  atuador();
  ~atuador();
  void definaPINO(int pino);
  void liga();
  void desliga();
  private:
  int _pino;
};
#endif
```

O arquivo CPP:

```
#include "atuador.h"
atuador::atuador(){
  _pino = 0;
}
atuador::~atuador(){

}
void atuador::definaPINO(int pino){
  _pino = pino;
  pinMode(_pino,OUTPUT);
}
void atuador::liga(){
  digitalWrite(_pino,HIGH);
}
void atuador::desliga(){
  digitalWrite(_pino,LOW);
}
```

Problema 14.2 - O projeto completo é mostrado a seguir.

O **sketch** pode ser visto a seguir:

```
#include <leituraPINO.h>
pinoSensor sensor1;
void setup() {
  Serial.begin(9600);
  sensor1.definaPINO(4);
}
void loop() {
  if(sensor1.read()==HIGH){
    Serial.println("1");
  }else{
    Serial.println("0");
  }
}
```

O arquivo H:

```
#ifndef _leituraPINO
#define _leituraPINO
#include <Arduino.h>
class pinoSensor{
  public:
  pinoSensor();
  ~pinoSensor();
  void definaPINO(int pino);
  boolean read();
  private:
  int _pino;
};
#endif
```

O arquivo CPP:

```
#include "leituraPINO.h"
pinoSensor::pinoSensor(){
  _pino = 0;
}
pinoSensor::~pinoSensor(){

}
void pinoSensor::definaPINO(int pino){
  _pino = pino;
  pinMode(_pino,INPUT_PULLUP);
}
boolean pinoSensor::read(){
  return(digitalRead(_pino));
}
```

Problema 14.3 - Deve ser realizada apenas a leitura dos arquivos. Não tente editá-los.

Problema 14.4 - Deve ser realizada apenas a leitura dos arquivos. Não tente editá-los.

16.15. Respostas do Capítulo 15

Problemas do Capítulo 15.

Problema 15.1 - O Arduino Uno possui os pinos digitais de 0 a 13, podendo ser configurados como pinos de entrada ou de saída. Os pinos 0 e 1 são conectados à porta serial. Os pinos 2 e 3 podem ser configurados como pinos de interrupção. Os pinos 3, 5, 6, 9, 10 e 11 podem ser configurados como saída PWM. Há também 6 portas analógicas, que podem ser configuradas como entradas ou saídas digitais. Os pinos analógicos 5 e 6 podem funcionar como porta I2C.

Problema 15.2 - O Arduino Mega 2560 possui 54 portas digitais e 16 portas analógicas. Tanto as portas digitais quanto as analógicas podem ser configurados como pinos de entrada ou de saída digitais. Os pinos digitais 0 e 1 são conectados à porta serial. Os pinos 2 a 13 podem funcionar como saídas PWM. Os pinos 14 e 15 podem funcionar como a porta serial 3. Os pinos 16 e 17 podem funcionar como porta serial 2. Os pinos 18 e 19 podem funcionar como porta serial 1. Os pinos 20 e 21 podem funcionar como porta I2C. Podem ser configuradas até 5 interrupções, cujas entradas são os pinos 2, 3, 18, 19, 20 e 21.

Problema 15.3 - Os pinos do Arduino Due são parecidos com os pinos do Arduino Mega 2560. Uma grande diferença se trata da tensão máxima dos pinos, que é de 3,3 V. Quanto às interrupções, todos os pinos do Due podem ser configurados. Outra diferença é que o Arduino Due possui apenas 12 portas analógicas, porém possui duas saídas analógicas de 8 bits e uma porta CAN.

Problema 15.4 - A memória FLASH é aquela em que o *sketch* é gravado. A EEPROM é aquela em que podem ser armazenados dados importantes (como dados de sensores), que não podem ser perdidos após desligar ou reiniciar o Arduino. A memória RAM é aquela que armazena os dados das variáveis criadas no *sketch*.

Problema 15.5 - Para o Arduino Uno ou Mega 2560 devemos utilizar a Equação 15.1.
a) AD = 675   b) AD = 245   c) AD = 920   d) AD = 521

Para o Arduino Due, devemos usar a Equação 15.2, que dependerá da resolução desejada.
Para 12 bits:

a) AD = 4095 b) AD = 1489 c) Queima, pois é maior do que 3,3 V d) AD = 3164

Problema 15.6 - Para o Arduino Uno ou Mega 2560, devemos utilizar a Equação 15.3.

a) PWM = 122 b) PWM = 51 c) PWM = 229 d) PWM = 112

Para o Arduino Due, devemos utilizar a Equação 15.4

usando resolução de 8 bits:

a) PWM = 185

b) PWM = 77

c) Não é possível diretamente do Arduino, pois o valor máximo é 3,3 V

d) PWM = 170

Problema 15.7 - O algoritmo abaixo lê as portas de acordo com o canal enviado pela serial.

```
#define NCANAL_MAX 6 //Uno=6; Mega=16; Due=12
bool flagPrint = true;
void setup() {
  Serial.begin(9600);
}

void loop() {
  if(flagPrint){
    Serial.println("Digite o canal analogico");
    flagPrint = false;
  }
  if(Serial.available()>0){
    byte x = Serial.read();
    x-=0x30; //Conversao de ASCII para numerico
    if(x<NCANAL_MAX){
      int AD = analogRead(x);
      Serial.print("Canal: ");
      Serial.print(x);
      Serial.print(" Valor AD: ");
      Serial.println(AD);
      flagPrint = true;
    }
  }
}
```

Problema 15.8 - O algoritmo pode ser visto a seguir:

```
#include<EEPROM.h>
#define LED 13
void setup() {
  Serial.begin(9600);
  pinMode(13,OUTPUT);
  digitalWrite(LED,HIGH);
  Serial.println("E S C R I T A");
  for(int endereco=0;endereco<100;endereco++){
    byte x = analogRead(A0)>>2;
    delay(200);
    Serial.print(">> Endereco: "+String(endereco));
    Serial.println(" Dado: "+String(x));
    EEPROM.write(endereco,x);
  }
  digitalWrite(LED,LOW);
  //Verificando escrita
  Serial.println("L E I T U R A");
  for(int i=0;i<100;i++){
    byte x = EEPROM.read(i);
    Serial.print("<< Endereco: "+String(i));
    Serial.println(" Dado: "+String(x));
  }
}

void loop() {

}
```

Nesse algoritmo há algumas limitações: os dados gravados são de 8 bits, não sendo gravada também a quantidade de bytes armazenados.

Problema 15.9 - Neste algoritmo teremos que usar os métodos **put** e **get**. O algoritmo pode ser visto a seguir.

```
#include <EEPROM.h>
typedef struct {
  unsigned long ID;
  unsigned umidade;
  int temperatura;
}Tsensor;
typedef struct {
  unsigned endereco;
}Tponteiro;
Tsensor sensor;
Tponteiro ponteiro;
void setup() {
  Serial.begin(9600);
  int tam_Ponteiro = sizeof(ponteiro);
  int tam_sensor = sizeof(sensor);
  ponteiro.endereco = 0;
  for(int i=0;i<100;i++){
    sensor.ID = i;
    sensor.umidade = analogRead(A0);
    sensor.temperatura = analogRead(A1);
    delay(500);
    Serial.println("ID: "+String(sensor.ID)+
    ">> Umidade: "+String(sensor.umidade)+
    ">> Temperatura: "+String(sensor.temperatura));
    EEPROM.put(tam_Ponteiro+i*tam_sensor, sensor);
    ponteiro.endereco++;
  }
  EEPROM.put(0x00,ponteiro);
  Serial.println("Gravado");
  Serial.println("--------------------");
  Serial.println("Lendo dados");
  EEPROM.get(0x00,ponteiro);
  int n = ponteiro.endereco;
  for(int i=0;i<n;i++){
    EEPROM.get(tam_Ponteiro+i*tam_sensor, sensor);
    Serial.println("ID: "+String(sensor.ID)+
    " | Umidade: "+String(sensor.umidade)+
    " | Temperatura: "+String(sensor.temperatura));
  }
}

void loop() {

}
```

Referências

1. Arduino Home. Disponível em **www.arduino.cc**. Acesso em 20 de setembro de 2018.

2. Banzi, Massimo. **Primeiros Passos com o Arduino**. O'Reilly Novatec, 2012.

3. Chen, Xinghao ; Karim, Mohammad A.. **Projeto Digital - Conceitos e Princípios Básicos**. 1ª edição. Rio de Janeiro: LTC, 2009. ISBN: 9788521617150.

4. Evans, Martin; Noble, Joshua; Hochenbaum, Jordan. **Arduino em ação**. Editora Novatec, 2013.

5. Garcia, Paulo Alves; Martini, José Sidnei Colombo. **Eletrônica Digital - Teoria e Laboratório**. ISBN 978-85-365-0109-3. 2ª edição, São Paulo. Editora Érica, 2008.

6. Kim, Phil; Huh, Lynn. **Kalman Filter for Beginners - with Matlab examples**. 2011.

7. McRoberts, Michael. **Arduino básico**. Editora Novatec, 2011.

8. Mendonça, Alexandre; Zelenovsky, Ricardo. **Eletrônica Digital: Curso Prático e Exercícios**. ISBN 978-85-87385-13-0. MZ Editora, 2007.

9. Mizrahi, Victorine Viviane. **Treinamento em Linguagem C**. Editora Pearson, 2008.

10. Monk, Simon. **Programação com Arduino II - Passos avançados com Sketches**. Editora Bookman, 2015.

11. Oliveira, André Schneider de. **Sistemas Embarcados: hardware e o firmware na prática**. Editora Érica, 2010.

12. ON Semiconductor. **www.onsemi.com**. *SN74LS00 - QUAD 2-INPUT NAND GATE.*

13. PORTAL DO SILÍCIO. Acessado em: portal.vidadesilicio.com.br/i2c-comunicacao-entre-arduinos/

14. QUEIROZ, T. d. (05 de 08 de 2012). *Tutorial: Executando funções em intervalos de tempo fixos (timers) com Arduino*. Acesso em 08 de 07 de 2014, disponível em Laboratório de Garagem: **http://labdegaragem.com/**.

15. SANTOS, Carlos Renato Borges dos. *Guindaste controlado por PC através de interface serial RS-232*. **VIII CEEL UFU, Uberlândia, 2010**.

16. Tocci, R. J., Widner, N. S., & Moss, G. L. (2000). **Sistemas Digitais: princípios e aplicações**. Editora Pearson, 2011.

12. ON Semiconductor. **www.onsemi.com**. *SN74LS00 - QUAD 2-INPUT NAND GATE.*

13. PORTAL DO SILÍCIO. Acessado em: portal.vidadesilicio.com.br/i2c-comunicacao-entre-arduinos/

14. QUEIROZ, T. d. (05 de 08 de 2012). *Tutorial: Executando funções em intervalos de tempo fixos (timers) com Arduino.* Acesso em 08 de 07 de 2014, disponível em Laboratório de Garagem: **http://labdegaragem.com/**.

15. SANTOS, Carlos Renato Borges dos. *Guindaste controlado por PC através de interface serial RS-232.* **VIII CEEL UFU, Uberlândia, 2010**.

16. Tocci, R. J., Widner, N. S., & Moss, G. L. (2000). **Sistemas Digitais: princípios e aplicações**. Editora Pearson, 2011.

ANOTAÇÕES

Impressão e acabamento
Gráfica da Editora Ciência Moderna Ltda.
Tel: (21) 2201-6662